悦宅记

家装细部设计与风格定位图典

家装细部设计与风格定位图典编写组　编

儒雅中式风格

本书包括传统中式风格和现代中式风格两章内容，以风格设计的基本原则为切入点，详细解读了传统中式风格和现代中式风格的色彩、家具、灯具、布艺、花艺、绿植、饰品及材料的基本特点与搭配手法。每章中详细地划分出客厅、餐厅、卧室、书房、玄关走廊等主要生活区，通过对经典案例的色彩、家具、配饰、材料等方面的深度解析，让读者更直观、有效地获取装修灵感。本书提供线上视频资料，内容翔实、丰富，线上与线下的搭配参考，增强了本书的实用性。

图书在版编目（CIP）数据

悦宅记：家装细部设计与风格定位图典. 儒雅中式风格 / 家装细部设计与风格定位图典编写组编. —北京：机械工业出版社，2022.2
ISBN 978-7-111-69995-8

Ⅰ. ①悦… Ⅱ. ①家… Ⅲ. ①住宅－室内装饰设计－图集 Ⅳ. ①TU241.01-64

中国版本图书馆CIP数据核字(2022)第013194号

机械工业出版社（北京市百万庄大街22号 邮政编码 100037）
策划编辑：宋晓磊　　责任编辑：宋晓磊　李宣敏
责任校对：刘时光　　封面设计：鞠　杨
责任印制：张　博
北京利丰雅高长城印刷有限公司印刷

2022年2月第1版第1次印刷
184mm×260mm · 7印张 · 168千字
标准书号：ISBN 978-7-111-69995-8
定价：49.00元

电话服务　　网络服务
客服电话:010-88361066　　机　工　官　网：www.cmpbook.com
010-88379833　　机　工　官　博：weibo.com/cmp1952
010-68326294　　金　　书　　网：www.golden-book.com
封底无防伪标均为盗版　　机工教育服务网：www.cmpedu.com

FOREWORD 前言

对于家装设计来说，居室的风格定位与材料、色彩、软装等方面的搭配是至关重要的。选择合适的软装元素、配色原则以及装饰材料与家装风格相契合，是缔造舒适、完美的家居环境的最佳切入点，只有清晰明了地了解这些基本的搭配原则并将其应用到家装中，才能展现出不同风格家装的不同魅力。

本书从风格设计的基本原则入手，简化了大量的基础知识，通过浅显易懂的文字，细致解读了不同装饰风格的色彩搭配、家具选择、灯具选择、布艺织物选择、花艺绿植选择、饰品选择、装饰材料选择等。此外，每个章节还介绍了客厅、餐厅、卧室、书房、玄关走廊等空间的设计案例，对特色案例进行详细讲解，有益于读者更快速、有效地获取灵感资源，轻松打造出一个赏心悦目的、有独特情调的居住环境。

参加本书编写的有：许海峰、庄新燕、何义玲、何志荣、廖四清、刘永庆、姚姣平、郭胜、葛晓迎、王凤波、常红梅、张明、张金平、张海龙、张淼、郇春元、许海燕、刘琳、史樊兵、史樊英、吕源、吕荣娇、吕冬英、柳燕。

希望本书能为设计师及广大业主、家居爱好者提供帮助。

CONTENTS 目 录

第 1 章

传统中式风格

NO.1

定位

传统中式风格色彩怎么搭配

传统中式风格擅长以浓烈而深沉的色彩来体现传统风格端庄、优雅的内涵，多以棕红色、棕黄色、米色、茶色等大地色系为主色调，以红色、黄色、蓝色作为点缀搭配，塑造出吉祥富贵的传统中式风韵。

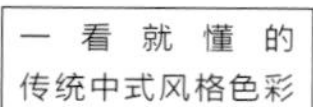

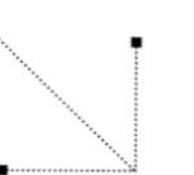

背景色的选择

传统中式风格空间中，背景色所占的比例约为60%，多以浅米色、白色、浅棕色为主，适用于顶棚、墙面、地面，起到奠定空间基本风格和色彩印象的作用。

• 顶棚与墙面选择以浅色作为背景色，缓解了家具的深色带来的沉闷感，让空间的整体色感更和谐，也彰显了传统中式风格居室配色雅致、大气的特点

• 空间的主体色选择了沉稳、古朴的棕红色，与背景色的浅色，相互协调，衬托出空间的庄重、雅致的特点

主体色的选择

棕黄色、棕红色作为空间的主体色，是传统中式风格家居空间中比较常见的配色，其多用于家居中中等面积的陈设上。棕色调自然质朴，彰显出居室主人素朴、雅致的品位，作为过渡色能很好地强化整体风格。

点缀色的选择

为提升传统中式风格居室空间的色彩层次感，点缀色可以选择红色、黄色、蓝色、绿色、紫色等颜色，通常是将它们体现在瓷器、布艺、花艺、书画等小件软装元素上，以起到画龙点睛的作用。

• 绿植、瓷器、茶具、坐垫以及工艺摆件等小件软装元素的搭配，展现出传统中式风格居室的意境美

传统中式风格家具怎么选

传统中式风格家具的搭配多采用对称式布局方式，且细节处理尤为重要，传统中式风格家具常选择较为名贵的木材以提升整体装饰效果的质感，并多以圆形和方形的形态出现，体现出天圆地方的东方传统文化审美。

一看就懂的传统中式风格家具

家具的总体特点

传统中式风格家具以实木家具为主，可分为明式家具和清式家具两种。明式家具整体色泽淡雅，图案以名花异草或字画为主，造型简洁流畅，极具艺术气息；清式家具更加金碧辉煌、气势恢宏，家具造型复杂，图案多以龙、凤、狮等具有象征意义的动物为主。

• 实木家具的线条流畅，打造出传统中式风格居室的奢华气度

家具颜色的选择

传统中式风格家具以深色为主，如棕黄色、棕红色、黑色等，可与地板的颜色接近，也可以与墙面饰面板、顶棚横梁或装饰线保持同一颜色，以体现传统中式风格装饰搭配的整体感。家具表面纹理清晰、自然，让整个空间显得浑厚而富有淳朴韵味。

• 棕红色的家具，保留了木材温润的质感，也带入了传统中式风格的古典魅力

• 黑漆饰面的传统家具，既能提升室内色彩的层次感，又彰显了古典家具坚实、厚重的特点

家具材质的选择

在家具的选材方面，传统中式风格家具格外注重材料的自然质感，通常选用一些名贵的木种作为主材，如樱桃木、鸡翅木、花梨木等。

• 深色的实木家具搭配精致的木质格栅，极富有传统中式风格的韵味和禅意

经典家具单品推荐

• 中式收纳箱

• 中式条案

• 多亮格书架

• 传统中式圈椅

• 中式屏风

传统中式风格灯具怎么选

传统中式风格灯饰搭配需大气、古朴、端庄，应展现出传统中式风格浓郁的中式韵味，彰显中华古典文化的内涵，为家具空间营造出高雅的艺术氛围。

一看就懂的传统中式风格灯具

• 沙发旁放置的一盏落地灯，作为辅助照明，可以满足日常使用需求，其复古的宫灯造型，给居室带入传统中式风格的美感与禅意

灯具的样式与造型

传统中式风格灯具一般采用实木、仿羊皮、陶瓷等材质。造型上以圆形、方形居多，灯架以各种中式传统的格栅、陶瓷底座居多。

经典灯具单品推荐

• 流苏元素与宫灯组合，传统韵味更浓

• 仿羊皮材质的落地灯极富复古感

• 仿羊皮台灯，米色灯罩，让光线更柔和

一看就懂的传统中式风格布艺织物

传统中式风格布艺织物怎么选

传统中式风格家居中的布艺织物主要包括布艺沙发、窗帘、床品、地毯、抱枕等。各种布艺织物之间的搭配能突显中式传统文化的特征及韵味，柔化空间中线条的冷硬感，营造出更舒适的家居氛围。

布艺织物的颜色选择

传统中式风格居室中的布艺织物颜色多以金色、紫色、蓝色、红色等华贵大气的色调为主，搭配流苏、云朵、盘扣等中式元素，可起到画龙点睛的作用。在搭配传统中式风格的布艺织物时，应与室内整体设计相呼应，同时注意配色上的协调性。

• 布艺坐垫与实木框架组成的中式床尾凳，舒适度更高，搭配样式精致的靠枕，中式韵味更加浓郁

布艺织物类型及推荐

• 流苏装饰的床旗让卧室有了中式宫廷的贵气与精致，两只样式复古的红色枕头更是突显了传统中式风格的韵味

• 将玉扣镶嵌在抱枕上，显得贵气、精致

传统中式风格花艺、绿植怎么选

花艺和绿植是传统中式风格居室中锦上添花的装饰元素之一。在室内选择合适的花束、绿植来陈设装饰，不仅能体现传统中式风格别树一帜的风格魅力，还能彰显中华民族传统文化的浑厚底蕴。

一看就懂的
传统中式风格植物

• 高挺秀丽的黄色蝴蝶兰不仅能为居室带来大自然的气息，还平衡了空间的色彩

花艺、绿植的陈设原则

传统中式风格居室中花艺、绿植的选择倾向于能够体现传统中式风格的自然之美、禅意之美，结合家居整体环境，巧借植物来营造空间意境，美化环境，还能弱化传统中式风格居室色彩给人带来的厚重感。

经典花艺、绿植推荐

• 矮子松盆栽

• 禅意插花

• 梅花盆栽

• 红豆

一 看 就 懂 的
传统中式风格饰品

传统中式风格饰品怎么选

在居室的软装搭配中，装饰挂饰与摆件能起到画龙点睛的装饰作用，其体积虽然不大，却可以丰富空间、调节色彩、渲染氛围，合理的搭配可以使空间更具有生机与活力。

饰品的特点

传统中式风格家居中常用到的饰品主要有水墨画、茶具、瓷器、仿古书籍、装饰扇面等，这些物品都是能体现传统中式文化特点的装饰元素，它们既有美好的寓意，又能深刻地展现出中国传统文化的精髓。

传统中式风格饰品推荐

• 仿古书籍

• 青花瓷器

• 茶具与流苏挂件

• 白瓷花瓶

• 玉雕饰品

• 文房四宝

传统中式风格装饰材料怎么选

传统中式风格居室的主要特征是沉稳大气、典雅质朴，在材料的选择上应以质朴、厚重的材质为主，其中木材、大理石、壁纸等主要装饰材料，是塑造风格的最佳选择。

一看就懂的传统中式风格装饰材料

材料质感的特点

天然的木材、石材是传统中式风格家居的主要选材，其天然的质感与色泽，可以充分突显中式特征。另外，青砖、红砖及带有中式传统纹样的壁纸，其特征朴素、典雅，也是营造中式氛围的好选择。

• 水墨风景画装饰了主题墙，不需要复杂的材料堆砌，便能为居室带入浓郁的中式氛围

• 浅色的木纹大理石装饰电视墙，与深色木线条形成深浅对比，层次更明快

• 浅色壁纸搭配传统的中式纹样，典雅质朴，营造出宁静致远的家居氛围

材料颜色的选择

木材作为家具的主材，颜色多以棕黄色、深棕色、棕红色等深色为主；若作为地板或饰面板，则其颜色以浅棕色、黄色、浅棕红色为主，以达到弱化沉闷感的目的；石材、壁纸等材料的颜色多以米色、浅咖啡色、浅棕色等淡雅的色彩为主，以营造层次分明的色彩氛围。

材料的经典组合推荐

• 茶色镜面玻璃搭配同色系的木质格栅和家具，提升空间整体感

• 艺术玻璃+木质格栅组成的间隔墙，视感通透美观

• 浅色的壁纸搭配深色调的木饰面板，整体配色协调，空间中纯天然的材质组合，也使居室氛围更具禅意

传统中式风格

客厅

NO.2

色彩：主题墙选择古朴的棕红色，背景色选择浅色，整体空间色彩协调度更高；红色、蓝色的点缀更加突显华丽大气

家具：布艺沙发柔软舒适，搭配高品质的实木家具，突显了传统中式风格大气的格调

材质：木材与壁纸作为装饰主材，使空间的触感与视感都更温和

色彩：深棕色的实木家具是客厅的主角，背景墙的浅色与布艺元素颜色的搭配，使得空间整体色感和谐舒适

家具：实木家具在布艺元素的装饰下，舒适度得到提升，沙发两侧摆放了小边几，完善了其使用功能，家具高低错落的搭配，层次分明，也不显凌乱

材质：木纹壁纸装饰的沙发墙，在射灯的映衬下纹理更显清晰、自然，增添了居室的自然与淳朴的气息

色彩：在以浅棕红色作为主体色的空间中，皮质沙发坐垫的颜色更显高级，能够丰富整体色彩层次

家具：实木家具的线条简洁，其精致的雕花彰显了传统中式风格家具的精湛工艺；大理石饰面的茶几坚实厚重，为居室带入一份厚重感

材质：墙面的棕红色护墙板与家具保持同一材质，提升了空间搭配的整体感

色彩：以黑色与浅米色作为主色调，明快且不失雅致感

配饰：实木家具的样式简洁大方，搭配浅色的布艺坐垫，舒适感更佳；饰品摆件的点缀，增添了居室的古朴韵味

材质：茶色镜面玻璃与木质窗棂装饰的墙面，线条分明，层次丰富，复古的图案样式与现代材质的组合，别致而新颖

色彩：黑色、白色加灰色组成的空间配色，明快和谐，布艺元素色彩华丽鲜艳，是丰富居室色彩层次的关键点缀

家具：万字格屏风为空间带入浓郁的传统美感

材质：手绘墙的图案以传统的山水画为题材，赋予空间浓郁的书香气息

色彩：在以浅色作为背景色，黑色作为主体色的客厅中，灰色和蓝色的辅助运用，使整体配色效果更明快，也为空间增添了一份复古的华丽感

家具：实木家具的样式简单，细节处装饰了金属元素，彰显了传统中式风格家具的精湛工艺

材质：密度板和黑镜线条装饰的主题墙，质感与视感突出，呈现的装饰效果简洁、凝练

色彩：黑棕色与浅灰色的组合，明快中带着复古感，蓝色与黄色相间的地毯为空间增添了华丽感

家具：高靠背的中式沙发椅带有浓郁的复古感，搭配色彩华丽的靠枕，整体组合古典韵味更浓郁

材质：质感通透的爵士白大理石装饰的主题墙，简洁大气

色彩：黑棕色作为主体色，搭配作为背景色的浅米色，色彩氛围典雅，红色的点缀为空间带入浓郁的喜庆气息

家具：低矮的实木家具样式复古，坚实厚重，质感突出

材质：木材与壁纸的组合，为居室营造出一个庄重、沉稳的氛围，也缓解了米色石材的冷硬质感，突显材质搭配的协调感

色彩：白色作为传统中式风格居室的主体色，再搭配红色、棕黄色、木色等点缀色，整体色彩氛围和谐而自然

家具：传统的实木家具进行了刷白处理，缓解了传统中式风格的沉闷感，茶具、花艺摆放在茶几上，生活气息浓郁

材质：白色乳胶漆搭配棕黄色木材，为传统中式风格空间带入一份自然婉约之感

色彩：浅米色的运用让以深棕色为主体色的空间，色彩氛围更和谐，白色、绿色的点缀为空间增添了一份明快感

配饰：白色瓷器与书画作为居室的点缀装饰，让传统中式风格居室有了一份古朴的书香气息

材质：乳胶漆与护墙板装饰的墙面，淡雅而质朴，搭配地面的石材，整体呈现出大气的美感

色彩：黑色作为主体色，突显了传统中式风格的沉稳大气，彩色瓷器的点缀带入传统中式风格的华丽视感

配饰：精美的瓷器搭配花艺，其优美的姿态，彰显了传统中式风格的魅力

材质：用镜面装饰沙发墙，让空间有了纵深感，也为传统中式风格空间注入不可多得的时尚感

色彩： 浅色作为主体色的客厅，整体氛围和谐舒适，与棕黄色实木家具搭配，使整体风格在典雅中流露出安逸舒适之感

家具： 中式屏风作为客厅与其他相连空间的间隔，在保证私密性的同时，也彰显出传统中式风格家具的魅力

材质： 木地板和家具的颜色保持一致，突显了传统中式风格统一、协调的风格魅力

色彩： 棕色系作为主体色并被大面积运用，搭配黄色、橙色、蓝色等小面积的点缀，让色彩更有层次

配饰： 陶瓷坐墩是传统中式风格家具的经典元素，与地毯的搭配形成呼应，提升了居室软装的搭配协调度

材质： 石材、木材与壁纸装饰了空间的墙面与地面，利用材质的质感营造出整体装饰效果的层次感

色彩：浅木色与浅棕色组成了居室的主要配色，白色、绿色的点缀，为空间增添了明快感与自然气息
家具：家具的样式简洁大气，带有传统神韵的花艺、饰品是居室内装饰的点睛之笔
材质：大量的木材是保证空间自然感的基础

色彩：深棕色与浅咖啡色的深浅搭配，形成鲜明的对比，且不失雅致感
家具：木质家具给人坚实耐用的感觉，搭配质地柔软的布艺元素，大大提升了客厅的舒适度与美观度
材质：顶棚角线的木材与家具材质保持一致，呈现出传统中式风格家居装饰中不可或缺的整体感

色彩：浅木色与白色作为客厅的主色调，搭配绿色与棕色的点缀提升了整体空间的层次感与传统美感
家具：家具的样式简单，其复古的装饰细节是展现居室传统中式风格格调的关键
材质：木地板与白色墙漆的组合，缓解了小客厅的局促感

色彩：浅棕色与浅卡其色组成了居室的主体色，同色调让色彩氛围更柔和，白色、黑色、橙色等颜色的点缀丰富了空间的色彩层次
家具：布艺沙发的舒适度比传统的实木家具更高
材质：传统的木质窗棂与大理石组合装饰了电视墙，强化了居室传统中式风格的氛围与格调

▲ **色彩：**黑色作为空间的主体色，使整个空间的色彩显得简单且雅致

家具：写实的中式山水画屏风，让客厅的留白处理充满了艺术感，也让家居空间更具美感

材质：木质格栅的运用，让沙发墙的装饰更有层次感

▼ **色彩：**布艺元素的颜色十分华丽，搭配浅色调的布艺沙发，彰显了传统中式风格古朴、轻奢的美感

配色：墙饰是客厅装饰的一个亮点，其造型别致新颖，为传统中式风格居室增添了一份现代时尚之感

材质：沙发墙用软包作为装饰，其绒布的饰面让空间看起来更显华丽

色彩： 棕红色给人带来古朴、内敛的美感，抱枕、插花、绿植、茶具等软装元素的点缀，使空间的色彩层次显得饱满而丰富
家具： 实木家具在细节上添加了精致的雕花处理，彰显了传统中式风格家具的古朴基调和浑厚的历史底蕴
材质： 古色古香的花鸟图案作为壁纸的装饰图案，让带有传统韵味的客厅更添雅趣

色彩： 棕红色+浅黄色作为客厅的主体色，暖意十足
灯饰： 灯光的光影层次十分丰富，让客厅给人的感觉更加温馨，样式复古的宫灯本身就是一件完美的装饰品
材质： 木质格栅作为阳台与客厅之间的间隔，隐约而朦胧的视感，将阳台的景色引入客厅，完美诠释出中式借景手法的巧妙之处

色彩：黄色点缀出空间的华丽感，打破了空间主色调的沉闷感
家具：实木家具沉稳的配色与考究的选材，让其看起来更有厚重感，完美诠释出传统中式风格家具古色古香的特点
材质：木材在客厅中的使用率极高，突显了传统中式风格居室对质感的追求，也彰显了传统中式风格居室的华贵之感

色彩：棕红色给人的感觉温润而高级，被用作传统中式风格居室中的主体色，更能突显出一种专属于传统中式风格居室的奢华、大气之美
家具：家具的线条优美流畅，细节处的雕花，彰显了传统中式风格家具对精湛工艺的追求
材质：木饰面板的装饰，不仅让墙面看起来更有层次感，同时还展现了空间古朴、雅致的风格基调

色彩：棕黄色+浅灰色组成了空间的主体色，配合浅色的背景色，使整个空间散发出淡雅、温馨的气息
家具：家具线条简洁大方，其考究的选材强调了传统中式风格家具的格调与魅力
材质：浅色乳胶漆装饰的墙面，通过装饰画来提升装饰感与艺术感，整体装饰效果简约而又不失雅致格调

色彩：客厅配色的重心偏下，更加彰显了传统中式风格居室沉稳、内敛的风格基调

家具：小件家具的摆放，使大客厅看起来更有饱满度

材质：密度板装饰的电视墙，高级灰的色调为传统中式风格居室增添了一份现代美感

色彩：布艺元素的颜色沉稳、低调，美化空间的同时，也彰显了传统中式风格素雅大气的格调

家具：精致简约的实木框架搭配柔软舒适的布艺坐垫，让中式沙发也能拥有舒适之感

材质：写意的中式花鸟图与玻璃完美结合，其不仅起到空间的间隔作用，还为空间增添了一份艺术气息

色彩：黄色是整体空间的主体色，其华丽贵气之感完美地演绎出传统中式风格的奢华之美

配饰：茶具、书画、花艺等软装元素带有浓郁的传统中式风格韵味，装点出该风格的雅趣与格调

材质：可移动的木质屏风作为空间的间隔，灵活性更强，是整个空间装饰的最大亮点

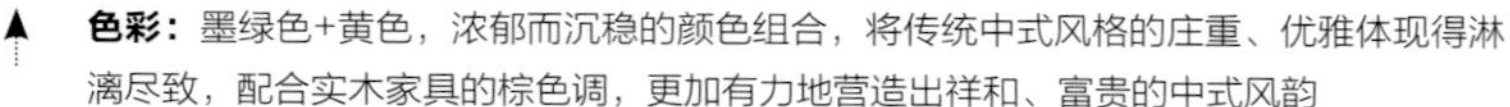

色彩：墨绿色+黄色，浓郁而沉稳的颜色组合，将传统中式风格的庄重、优雅体现得淋漓尽致，配合实木家具的棕色调，更加有力地营造出祥和、富贵的中式风韵

配饰：瓷器成为室内数量最多的装饰品，其素雅的色调、细腻洁净的外貌，装点出精致的中式生活品位

材质：简洁利落的木质格栅，让沙发墙看起来更有层次感，其上对称的布置方式也体现了传统中式风格的平衡美感

色彩：灰蓝色作为辅助色，为这个风格内敛的客厅增添了一份清爽之感

配饰：插花与绿植的点缀装饰，自然气息浓郁，其优美的造型也符合传统中式风格插花的优雅腔调

材质：山水风景画题材的手绘墙，是室内装饰的点睛之笔，意境悠远，引人遐想

色彩：传统中式风格居室配色中，亮色的点缀，不仅能提升空间色彩层次感，还能增添空间的华丽感

家具：中式坐榻代替了常规的沙发，将慵懒之风融入传统中式风格居室中，彰显了传统中式风格的奢华与大气

材质：大理石装饰的地面，纹理清晰，色调温润，为传统中式风格客厅增添华美之感

色彩：装饰图案与布艺元素的颜色丰富而华丽，成为室内配色的点睛之笔，突显出传统中式风格居室配色的张力与表现力

配饰：中式插花的形态优美，增添了室内装饰的美感与艺术感

材质：壁纸的祥云纹样成为客厅装饰的亮点，将传统中式风格的特色展现得淋漓尽致

色彩：白色被运用在传统中式风格居室中，给人的感觉简洁中透着华丽感

家具：复古样式的家具是客厅装饰的亮点，围坐式的布局，在满足多人同时入座需求的同时，让大客厅看起来不显空旷

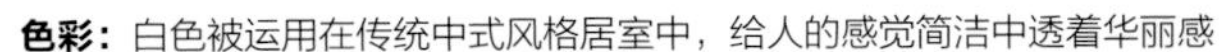

材质：无缝饰面板装饰了整个空间的墙面，使墙面呈现给人的整体感更强

色彩：蓝色被运用在家具、布艺以及墙画中，通过传统吉祥纹样表现出来，使空间的艺术感更强

家具：客厅家具的布置十分合理，小件家具的添补完善了空间的功能，同时也提升了整个空间的美感

材质：镜面与格栅打造的隔断墙，在完美分隔空间的同时，也保证了整体空间的通透性

色彩：深棕色木线条的修饰，使空间色彩更有层次感，绿植、插花及布艺元素的点缀，使空间的典雅之美油然而生

家具：古色古香的中式陶瓷坐墩，其精美的纹样，复古的造型，从细节到品质都彰显了传统中式风格的奢华与精致

材质：视感简洁通透的中花白大理石装饰了电视墙，为室内增添了华丽、雅致的美感

色彩：客厅选择棕红色调作为主体色，奠定了传统中式风格低调、内敛的风格基调

配饰：插花、饰品以及小件家具的细节处理，彰显了传统中式风格憧憬吉祥、向往祥和的美好意愿

材质：镜面与大理石组合装饰的电视墙，简洁的镜面突显了大理石纹理，彰显了其磅礴大气的美感

色彩：浅咖啡色作为居室内的背景色，给人带来素雅、洁净的美感，木质家具较深的颜色，提升了色彩的层次感

灯饰：灯光的组合运用，不仅丰富了整个空间的光影层次，也为传统中式风格空间带入简洁明亮之感

材质：样式简单的木线条提升了空间的立体感，缓解了墙面的单调视感

色彩： 沙发墙和沙发都选择了米白色，微弱的色彩差异，让空间的色彩氛围平和而温暖

配饰： 绿植的点缀，为传统中式风格居室带入清新的自然之感

材质： 灰色调的大理石给空间带来强烈的视觉冲击感，完美地彰显出传统中式风格居室选材的大气与华丽

色彩： 蓝色的运用能缓解深棕色和浅咖啡色组合所呈现的单调、沉闷之感，不仅提升了整体空间的色彩层次感，也彰显出传统中式风格华丽大气的基调

家具： 中式卧榻选择蓝色布艺搭配深色木质框架，更加突显了中式家具典雅、贵气的韵味

配饰： 山水画给人很强的视觉冲击感，表现出主人寄情于山水的美好意愿

色彩： 客厅配色的华丽感来源于布艺饰品的点缀，这样的组合既能提升色彩层次感，又能让客厅更显舒适

家具： 家具的造型经过简化，线条流畅，简洁大方，再通过细节处的修饰，体现出传统中式风格家具的精湛技艺

材质： 沙发墙运用定制的壁布作为装饰，梅花图案寓意美好，完美诠释了中式传统文化的浑厚底蕴

餐厅

NO.3

色彩：黑色与灰色的搭配，层次分明，黄色与绿色的点缀，提升了整个空间的色彩层次感

配饰：瓷器、挂画、花艺将传统中式风格的美感带入餐厅

材质：壁纸与石材装饰的空间，不需要多余复杂的造型，就能营造出传统中式风格居室质朴、内敛的格调

色彩：浅绿色与深棕色的组合，让餐厅的色彩氛围更显质朴，层次也格外突出

配饰：餐厅的墙面装饰了三幅水墨画，使空间的传统艺术气息十分浓郁

材质：餐厅与其他空间的间隔采用木质推拉门，简化的格栅样式也带有浓郁的复古情怀

色彩：餐桌椅的颜色是餐厅的主体色，颜色沉稳大气，配上暖黄色的灯光，使用餐氛围更舒适

配饰：复古样式的吊灯是餐厅装饰的亮点

材质：仿古地砖是最能体现传统中式风格居室古朴、雅致氛围的装饰材料之一

色彩：黄色的点缀运用，让以黑色与浅咖啡色为主体色的餐厅的氛围更有益于用餐

家具：餐椅与靠垫是餐厅装饰的亮点，与地毯形成呼应，增添了暖意

材质：木窗棂和软包装饰的墙面，营造出的居室氛围更加温馨舒适

色彩：餐厅的配色延续了客厅的主色调，以浅茶色为主，搭配黑色与咖啡色的点缀，提升了空间色彩的层次感

家具：餐桌椅的样式简洁大方，餐桌上的餐具及花艺是体现传统中式风格韵味的点睛之笔

材质：陶瓷锦砖波打线不仅划分了空间，其回字纹样式也更具复古感

色彩：深棕色装饰了主题墙，整体给人的色彩感沉稳而厚重

家具：餐桌上方的吊灯采用了中式传统纹样作为灯罩装饰，注入强烈的中式复古情怀

材质：墙面板材与装饰画融为一体，其别出心裁的设计彰显了中国传统文化的魅力

▲ **色彩：**空间以棕色与米色作为主体色并大面积运用，再利用白色的包容来提升色彩层次感与明快感，加入金色的点缀以带入传统中式风格的贵气之美

家具：嵌入式的博古架不仅完善了餐厅的收纳功能，还陈列展示了各种藏品，美化了用餐环境

材质：木纹地砖装饰地面，质感温润，耐磨度与美观度兼备

▲ **色彩：**米色作为背景色和点缀色，营造出的色彩环境更适合餐厅，家具的深色则将传统中式风格韵味体现得淋漓尽致

家具：实木材质的家具给人坚实厚重的感觉

材质：浅色的地板让家具的深色与顶棚的白色过渡更和谐

▼ **色彩：**深棕色作为主体色，背景色则选择浅色，能有效缓解单调与沉闷之感

配饰：水墨画成为餐厅墙面的唯一装饰，为空间注入浓郁的艺术感

材质：错层设计的顶棚，用简单的线条进行修饰，层次感更突出

色彩：深棕色作为餐厅的主体色，让空间氛围更显沉稳内敛

家具：在传统的实木家具上搭配了柔软的布艺坐垫，提升了用餐的舒适度与家具的美观度

材质：木线条的装饰让墙面显得简洁利落，又不失层次感

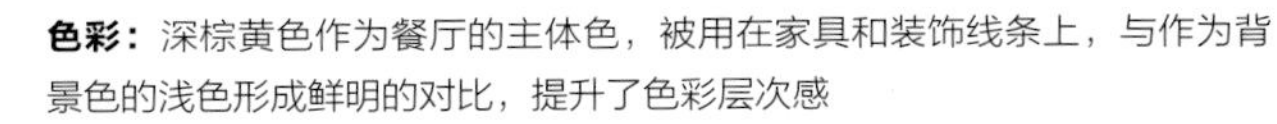

色彩：深棕黄色作为餐厅的主体色，被用在家具和装饰线条上，与作为背景色的浅色形成鲜明的对比，提升了色彩层次感

配饰：靠垫的面料丝滑，彰显了传统中式风格布艺的魅力

材质：地面选择木纹大理石来规划用餐区，与整体地面的白色玻化砖衔接自然

色彩：在以黑色、白色、浅灰色作为主体色的餐厅中，暖黄色的灯光营造了温馨氛围

配饰：吊灯是餐厅装饰的亮点，与白色射灯组合，整体用餐氛围明快且温馨

材质：墙面上的成品木质窗棂增添了室内空间的古朴韵味

▲ **色彩：**黑色作为主体色，简约干练，地板的颜色起到增温的作用，体现出传统中式风格庄重、沉稳的格调

配饰：装饰画的运用，增添了空间的清雅气质

材质：米白色洞石装饰的墙面，环保健康的选材，彰显出中式家居生活崇尚健康环保的生活理念

◀

色彩：整个空间运用了较多的白色，与沉稳的深棕色相搭配，更显古朴雅致，黄色点缀其中，使空间看起来更加明亮

配饰：一花一物的装点，描绘出传统中式风格居室从容、淡泊的风格特性

材质：硬包与格栅作为墙面装饰，呼应了客厅的装饰造型，让开放式空间更有整体感与互动性

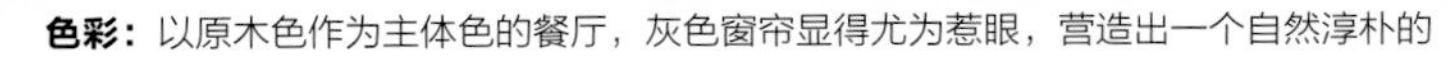

色彩：以原木色作为主体色的餐厅，灰色窗帘显得尤为惹眼，营造出一个自然淳朴的空间氛围

配饰：边柜上摆放着丰富的藏品及工艺品，丰富了餐厅的视觉效果，也是彰显主人品位与爱好的一种表现手法

材质：磨砂玻璃作为推拉门的主材，其半通透的视感，保证了空间的私密性

色彩：华丽的颜色体现在布艺及花艺等小件软装元素中，为整个空间带来了一份奢华之美

家具：家具的样式经过简化处理，线条简约干练，但其考究的选材依旧能看出其中具有的中式古典韵味

材质：利用地面材料的变化来强调空间感，既能提升空间设计的层次感，还能在布局上保证整体空间拥有流畅的动线

色彩： 餐椅的蓝色成为室内配色的关键，提升了整个空间的色彩层次感，使整个空间的舒适素雅之感油然而生

配饰： 欧式水晶吊灯用来装饰传统中式风格餐厅，其美轮美奂的光影层次，营造出东、西混搭的奢华美感

材质： 浅灰色密度板装饰的墙面，运用了拓缝的手法，提升了整个空间的装饰效果

色彩： 浅色在餐厅中占比最大，营造出一个简洁、温馨的用餐空间，深色家具不仅能够提升配色的层次感，还迎合了传统中式风格沉稳内敛的风格基调

家具： 家具中融入了一些欧式元素，混搭感十足，让传统中式风格居室更有趣味性

配饰： 书法字画装饰在餐厅墙面，奠定了空间的中式基调，即便是混入再多的西方元素，也不会被喧宾夺主

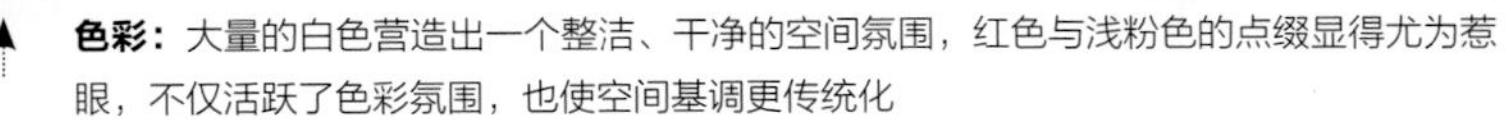

色彩：大量的白色营造出一个整洁、干净的空间氛围，红色与浅粉色的点缀显得尤为惹眼，不仅活跃了色彩氛围，也使空间基调更传统化

家具：传统样式的家具进行刷白处理后，弱化了其视觉上的厚重感，缓解了小餐厅的紧凑感，使空间看起来更显宽敞、洁净

材质：手绘墙的图案是彰显空间基调的重要元素

色彩：沉稳厚重的黑色作为主体色，让以浅色为背景色的空间有了稳重感，餐具、餐巾、花艺的点缀，是一种缓解深色单调感的有效手段

配饰：餐桌上方的长方形吊灯样式简洁大气，为传统中式风格的空间带入浓郁的时尚气息

材质：整体空间的墙面都用壁纸进行装饰，其细腻的纹理、素雅的色调，都十分符合传统中式风格居室对材料的要求

传统中式风格

卧室

NO.4

色彩：棕黄色作为背景色，米色作为主体色，这种色彩组合显得沉稳而雅致

家具：两把传统圈椅搭配上造型别致的茶几，整个组合既具有中式韵味又有设计感

材质：碎花壁纸与布艺软包的组合，美观度与功能性兼备

色彩：采用浅咖啡色与白色作为卧室的主体色，再运用适量的深色进行修饰点缀，这既提升了色彩层次感又不会破坏整体色彩的协调感

配饰：屏风装饰了墙面，与床品的样式搭配协调，装点出浓郁的复古情怀

材质：白色乳胶漆搭配深色木线条，没有多余的复杂设计，为传统中式风格居室带入一份简洁利落的现代美感

色彩：灰色、黑色与白色组成的主色调，简洁明快且不失传统美感

配饰：对称摆放的台灯光线柔和，为空间带入不可或缺的暖意

材质：壁纸与木质窗棂装饰的背景墙，极富有传统中式风格特色

▲

色彩： 深棕色与米白色的搭配，让卧室的色彩基调沉稳而富有柔和之感

配饰： 布艺床品的图案选择了传统的回字纹，为卧室带入浓郁的传统中式美感

材质： 木材与乳胶漆作为卧室的主要装饰材料，其触感与视感都十分柔和

➤

色彩： 深棕色作为卧室的主体色，沉稳而内敛，鹅黄色的辅助运用，增添了空间的柔美感，也带入了一份传统中式风格的华美之感

家具： 实木家具的样式简洁，但细节处却体现着传统家具精湛的工艺与品质

材质： 花鸟图案的壁纸彰显了传统中式风格的基调与特点

◄

色彩： 棕色与浅咖啡色作为卧室的主体色，色彩过渡和谐。暖黄色灯光的点缀，呈现的氛围更温馨

家具： 实木家具在布艺的修饰下更显舒适，大块地毯的运用则提升了卧室的舒适度与美感

材质： 木地板的纹理清晰自然，为传统中式风格居室带入自然感

色彩：深棕色是卧室的主体色，米色与白色作为背景色让整体色彩更和谐，红色的点缀提升了空间的层次感与华丽感

家具：实木家具的样式简单，其上样式复古的铜锁展现出传统中式风格家具的精湛工艺

材质：壁纸、木地板、乳胶漆作为主要装饰材料，色彩搭配和谐，材质质感温润

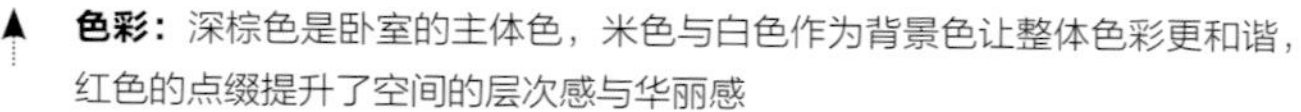

色彩：浅棕色与白色作为背景色与主体色，色彩氛围自然感十足，红色的点缀更显华丽

家具：中式架子床搭配了红色幔帐，中式韵味浓郁

材质：白色乳胶漆弱化了深色木地板的沉重感，突显了材质颜色与质感搭配的和谐度

色彩：黑色、灰色与白色的配色组合，简洁明快中带有一份质朴感

配饰：残缺的字画为卧室增添了一份复古感，也是卧室装饰的最大亮点

材质：木纹壁纸装饰了卧室墙，在灯光的映衬下纹理更显清晰

▲ **色彩：**以白色作为主体色的传统中式风格居室，利用了浅棕色、咖啡色作为点缀色，整体给人的感觉简洁大气

家具：家具的五金配件运用了大量的传统纹样，增添了居室的传统中式韵味

材质：布艺软包装饰的背景墙有着良好的吸声效果，用来装饰卧室再合适不过了

▼ **色彩：**在以深棕色与白色作为主体色的空间中，红色、米色的点缀更显柔和

配饰：灯饰、床品都选择对称式设计，彰显了传统中式风格追求平衡美感的特性与执念

材质：床头主题墙的图案彰显了传统文化的浑厚底蕴

▲ **色彩：**深棕色与原木色作为卧室的主体色，再搭配作为点缀色的红色和白色，使得整体色彩效果在简洁中带有一份喜悦感

家具：中式实木雕花屏风装饰了卧室墙，彰显了传统中式风格家具的魅力与质感

材质：木材与乳胶漆的组合，显得简洁大气

色彩：温暖的黄色+孔雀绿色的组合，使整个空间散发出清新、淡雅的气息
配饰：将欧式灯具运用在传统中式风格居室中，其散发的混搭美感显得别具一格
材质：实木格栅为空间带来通透感，也为传统中式风格居室带来别样的美感

色彩：暖色调的背景色使主体色更加突出，再搭配浅灰色的辅助装饰，使空间整体的视感十分高级
家具：高靠背床带有一份欧式韵味，东西方软装元素营造出的混搭美感显得更别致
配饰：灯饰的造型别致而复古，其暖暖的灯光，烘托出一个慵懒而安逸的空间氛围
材质：木质格栅装饰的床头墙，搭配暖色的灯光，给人的感觉淡雅、和谐、安逸

色彩：蓝色的装饰，让卧室拥有一份休闲感，与曼妙的白纱形成的对比，婉约明快
配饰：装饰画、灯饰、布艺等软装元素的装点，增加了居室的舒适度与美感
材质：镜面与软包的组合，层次感更强

色彩：蓝色与白色的组合，给人带来清爽、雅致的视觉感。浅咖啡色作为背景色，提升了空间配色的温度感

配饰：花艺绿植的装饰，不仅提升了空间装饰的颜值，还营造出浓郁的自然氛围

材质：白色木格栅装饰的主题墙，丰富了空间的设计感，展现出传统中式风格的典雅气质

色彩：颜色丰富的布艺元素，提升了空间色彩的层次感，也缓解了大面积浅色的单调感

家具：软包床采用中式传统图案作为装饰，既丰富了空间的视感，又能彰显中式传统文化的底蕴

材质：软包是整个卧室装饰的亮点，其精美的图案搭配简单的线条，简洁、素雅极富中式魅力

色彩：棕黄色作为主体色，营造出一个古色古香的居室氛围
配饰：台灯的设计造型简洁大方，在其细节处添加了传统中式元素进行点缀装饰，提升了灯饰的颜值
材质：地板的颜色与家具保持一致，体现了设计搭配的整体感

色彩：白色作为主色调，其大面积的使用，为空间营造出一个简洁、舒适的空间氛围
家具：软包床的样式简洁、大方，床头处利用传统中式纹样作为装饰，从细节处体现出传统中式风格的精致与美感
材质：顶棚与墙面的装饰线形成互补，体现了装饰设计的整体感

色彩：低明度、高纯度的暖色作为室内的点缀色，呈现的视觉效果低调、华丽，有效地缓解了大面积单一颜色的单调感
配饰：喜鹊寓意吉祥，彰显了传统中式风格追求美好意境的心愿
材质：层次丰富的石膏线让顶棚与墙面的衔接更美观也更自然

色彩：高明度、高纯度的蓝色成为室内配色的主角，营造出一个华丽、清爽的空间氛围
配饰：宫灯样式的壁灯，装饰效果极佳，搭配暖色灯光更有利于对空间氛围的渲染
材质：简洁的木线条让简约的墙面看起来更有层次感，配色层次也更分明

色彩：红色在传统中式文化中有着特殊的寓意，是营造空间喜庆感的不二之选
配饰：对称布置的台灯搭配墙面与顶棚的灯带，呈现出丰富光影层次的同时，烘托出一个更加温馨的空间氛围
材质：硬包采用了精美的传统中式图案作为装饰，既提升了美感，也强调了传统中式风格的特性

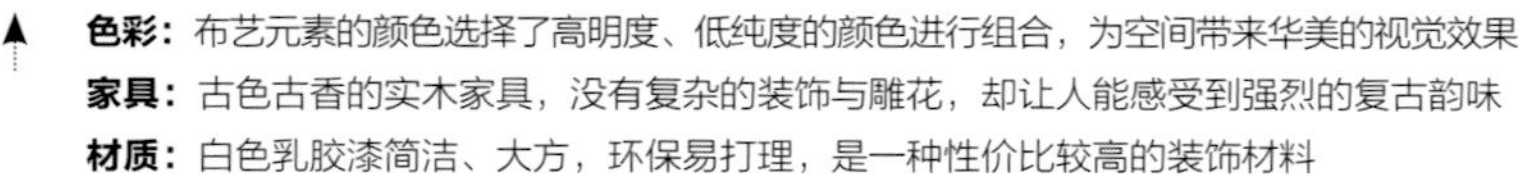

色彩：布艺元素的颜色选择了高明度、低纯度的颜色进行组合，为空间带来华美的视觉效果

家具：古色古香的实木家具，没有复杂的装饰与雕花，却让人能感受到强烈的复古韵味

材质：白色乳胶漆简洁、大方，环保易打理，是一种性价比较高的装饰材料

色彩：米黄色作为卧室的背景色，其装饰效果显得温暖、安逸，简单的黑色线条点缀其中，有效提升了居室配色的层次感

配饰：对称布置的壁灯，不仅体现了传统中式风格的平衡美，且其复古的造型也是提升装饰颜值的关键

材质：黑色木线条与家具的颜色形成呼应，体现了装饰搭配的整体感

色彩：浅灰色在卧室中的使用面积较大，与黑色、白色、米色的组合，呈现的装饰效果在明快中带有传统中式风格的柔美之感

家具：床头柜、床边凳、收纳柜等小件家具的填补，不仅丰富了卧室的功能，也缓解了大空间的空旷感

材质：通透的格栅作为卧室与其他空间的间隔，其高颜值的外形是提升空间美感的关键

色彩：床品的颜色选择很喜庆，色彩既有张力又有利于营造空间氛围

配饰：灯饰的组合让空间环境呈现温暖、安逸之感，床头的红色台灯则使氛围更显华丽

材质：肌理纹样的壁纸，使墙面呈现的美感更精致

色彩：棕色作为室内的主体色，展现了空间的典雅气质。红色作为点缀色，尤为惹眼，明媚而华丽的视感油然而生

配饰：黑白色调的水墨画增添了空间的艺术氛围，同时也缓解了空间色彩的单调感

材质：无缝木饰面板有很强的整体感，其细腻的质感，彰显了传统中式风格淡雅温馨的格调

书房

NO.5

色彩：在以深棕色为主体色的书房中，白色的调和，让书房少了压抑感

家具：家具的样式简洁大气，仿古书籍既彰显了主人的爱好也带入传统文化的氛围

材质：木材作为主要装饰材料，使空间自然氛围十足

色彩：深浅颜色的对比让书房给人的整体感更简洁，更有益于读书、工作

配饰：字画、文房四宝的装饰，增添了书房的文化气息与艺术感

材质：白色乳胶漆的运用使书房更显简洁利落

色彩：深棕色家具是书房的主角，浅米色、绿色、白色的运用使整个空间的色彩过渡更和谐

家具：博古架作为书架，其美观性与实用性并存

材质：木纹壁纸装饰的墙面，视感更柔和

色彩：棕红色、黑色、灰色、白色的配色组合，明快且不失传统风格的稳重感
配饰：吊灯是书房装饰的最大亮点，突显了传统中式风格灯具的造型特点
材质：大量的木材让居室给人的感觉十分温馨

色彩：作为点缀色的红色是书房配色的最大亮点
家具：定制的家具让书房的空间利用更合理
材质：木纹壁纸与地板的搭配，使空间显得自然感十足

色彩：棕红色作为书房的主体色，同时利用米色与白色进行调节，弱化其沉闷感，再通过绿色、红色、黄色等明快的色彩进行点缀，这样既提升了配色的层次也彰显了传统中式风格的魅力
配饰：书柜中的书籍、瓷器及花艺无一不彰显着传统中式文化的魅力
材质：地板与家具的选材保持一致，利用材质搭配的呼应体现了传统中式风格的整体感

色彩：浅卡其色作为背景色，再通过黑色、绿色的调节点缀，使整体色彩氛围更显清爽
家具：亮格式书柜是传统中式风格家具的经典样式
材质：做旧的实木地板增添了空间的复古感

▲ **色彩：**浅棕色与棕红色的组合，彰显了传统中式风格书房的配色魅力
家具：实木家具给人的感觉坚实而厚重
材质：木材与软包装饰的墙面，隔声效果好，美观度也很高

▲ **色彩：**深棕色为主体色，与作为点缀色的红色和黄色相搭配，为空间增添了一份华丽感
配饰：对称设计的壁灯无论是色彩、样式还是摆放方式都彰显着传统中式风格的特点
材质：石材的质感对比，体现出装饰选材的丰富性

▼ **色彩：**在以棕色为主体色，米色与白色为背景色的书房中，黄色、蓝色的点缀不可或缺
家具：文房四宝是展现传统中式文化的最佳元素
材质：壁纸与顶棚角线的色彩过渡和谐，也提升了整个空间的整体感

色彩： 以棕黄色为主体色的书房，利用了书籍、绿植的颜色进行点缀，丰富多彩

家具： 家具的样式虽然简单，其精致的雕花却突显了传统中式风格家具设计别具匠心的一面

材质： 大量的木材作为装饰主材，搭配绿色更显自然淳朴

色彩： 深棕色与浅咖啡色的组合，层次明快，呈现的效果在古朴中带有一份雅致感

配饰： 对称摆放的落地灯是书房装饰的亮点，其样式古朴，灯光柔和

材质： 顶棚运用了镜面作为装饰线条，勾勒出顶棚的层次感

色彩： 浅棕黄色为主体色的书房，利用了浅鹅黄色作为辅助点缀，使空间氛围更轻柔、质朴

家具： 家具的样式简洁且不失传统中式风格家具的魅力与质感

材质： 仿木纹地砖装饰地面，耐磨且美观

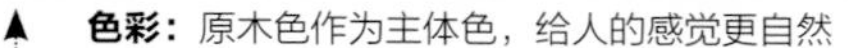

色彩：原木色作为主体色，给人的感觉更自然
配饰：日式吊灯运用在传统中式风格居室中，禅意十足
材质：浅木色饰面板的运用，为书房空间带来了自然、质朴的氛围

色彩：米色作为书房的背景色，增添了空间的温馨感
家具：样式别致的书柜能同时满足展示与储藏两种功能
材质：米黄色玻化砖质感通透，使空间氛围简洁而温馨

色彩：深棕色与浅咖啡色形成深浅对比，深色稳定空间重心，浅色丰富色彩层次，再利用一些明快的颜色作为点缀，使空间配色更显丰富
配饰：琴、棋、书、画等元素，装扮出传统中式风格雅室书香的风格基调
材质：木纹壁纸装饰墙面，其不仅具有良好的环保性能，还兼顾了功能性与装饰性

→

色彩：白色的使用面积较大，这样更有益于弱化深棕色的沉闷感，让传统中式风格空间看起来更加简洁、素雅

配饰：字画、书籍、文房四宝等元素的装饰增添了空间的书香气息，也符合传统中式风格追求雅室书香的风格特点

材质：木线条的修饰，让乳胶漆也能呈现精致典雅的视感

色彩：蓝色在被降低了明度与饱和度后，呈现的色感极富中式风韵，搭配沉稳的棕色，使整个空间更显奢华、大气

家具：古色古香的多亮格与条案都是传统中式风格家具的经典之作

配饰：白纱窗帘能起到调节空间光线的作用，提升书房的舒适度

色彩：棕黄色调的家具营造出一个古色古香的传统居室氛围，浅灰色作为辅助装饰，则增添了空间的视觉高级感

家具：书桌的造型别致而富有古朴风貌，为空间带来淳朴原始的美感

材质：棕黄色调的实木地板，与家具的色调保持一致，彰显了软硬装搭配的协调性与统一性

色彩：深棕色作为空间的主色调，其温和内敛的气质很符合传统中式风格的特点

配饰：饰品、书籍等元素的装点，丰富了空间的表情，使空间的人文气息更加浓郁

材质：整屋铺设地毯，提升了空间的美观度与舒适度

NO.6

玄关走廊

色彩： 黄色的点缀活跃了整个空间的色彩氛围

配饰： 走廊中景端墙面悬挂的装饰画是点睛之笔

材质： 洁净的地砖增添了室内装饰效果的洁净感与美观度

色彩： 在以淡淡的蓝色作为背景色的空间中，黑色、灰色的对比明快且不失质朴的美感

家具： 复古样式的玄关柜是装饰亮点，带有浓郁的中式乡村格调

材质： 深灰色的仿古砖装饰了整个空间的地面，为整个空间注入沉稳的气质

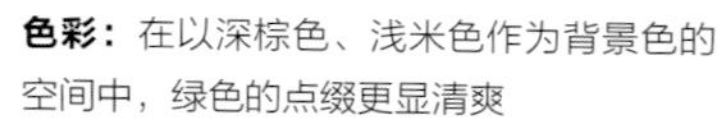

色彩： 在以深棕色、浅米色作为背景色的空间中，绿色的点缀更显清爽

配饰： 绿萝装饰点缀了整个玄关空间，其既可以净化空气，又可以美化环境

材质： 镜面装饰的顶面，能有效地弱化空间的拥挤感

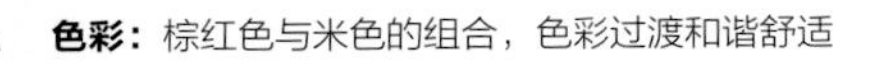

色彩： 棕红色与米色的组合，色彩过渡和谐舒适
家具： 复古样式的实木家具搭配传统的中式字画，一事一物都彰显了传统文化的魅力与格调
材质： 乳胶漆装饰的墙面与白色仿古砖在色彩上形成呼应，简单的材质搭配呈现出不一样的视感

色彩： 白色、深棕色与浅木色的组合，层次分明，典雅质朴
家具： 嵌入式的家具不占据空间，让走廊不显拥挤还能有一定的收纳空间
材质： 木地板延续了客厅的装饰材料，让空间的整体感得到提升

色彩： 棕红色与深棕色的搭配沉稳内敛，绿色、粉色的修饰点缀更显柔美与秀气
配饰： 花艺的点缀为空间带来柔和秀丽的美感
材质： 光滑通透的石材为空间带入大气磅礴的美感

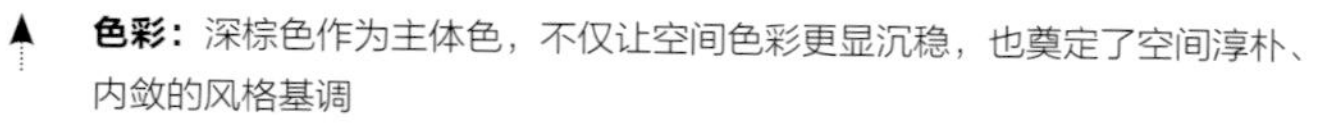

▲

色彩：深棕色作为主体色，不仅让空间色彩更显沉稳，也奠定了空间淳朴、内敛的风格基调

配饰：造型高挑的插花，配合植物题材的水墨画，为传统中式风格居室带入浓郁的自然之感

材质：木地板的铺装方式使地面看起来更有层次感

▲

色彩：深棕色作为主体色，搭配作为背景色的浅咖啡色与浅灰色，让空间配色既有层次感又显得格外淳朴雅致

配饰：实木边桌上摆放了一株松树盆栽，为空间带来了自然的气息

材质：肌理壁纸在灯光下，质感更突出

◀

色彩：一抹亮丽的红色，在黑白色调的空间内显得尤为惹眼，明亮华贵

配饰：灯带的运用，使顶棚的层次更加丰富，配合墙面的大块银镜，呈现的视感更加华丽

材质：镜面的运用弱化了深色护墙板的沉闷感，同时提升了大理石的装饰效果，兼备功能性与装饰性

色彩：浅色作为背景色，再运用简单的黑色线条进行修饰，让色彩搭配更有层次感。蓝色、金色的点缀则彰显了传统中式风格大气、华丽之感

家具：博古架上陈列了丰富的藏品，家具本身也是传统中式风格居室中一件经典的装饰品

材质：踢脚线让墙、地之间的衔接更美观

色彩：绿色的点缀，不仅让小玄关瞬间融入无限的自然之感，还弱化了棕色和米色的单调与沉闷之感

家具：玄关柜用镜面代替传统木饰面板，既能用作日常穿衣镜，又可以在视觉上起到扩充空间的作用

材质：颜色丰富的陶瓷锦砖用作局部墙面的装饰，既提升了装饰的层次感，也让空间选材更多元化

色彩： 米白色作为空间的背景色，搭配黑色家具，整体搭配效果简约明快中带有一份不可或缺的暖意
家具： 装饰画、瓷器、收纳柜等装饰物为空间装点出精致、大气的美感
材质： 简洁通透的米白色地砖，为传统中式风格居室营造出一个整洁、舒适的空间氛围，其简单的选材也让施工更便利，日常维护更省心

色彩： 浅咖啡色作为背景色，让整体空间都沉浸在一个温婉而柔和的氛围当中
配饰： 灯带的运用更加突出了装饰画的存在感，展现出传统中式风格居室雅室书香的艺术氛围
材质： 整个空间都采用浅灰色网纹地砖进行铺装，是体现空间整体感最有效的装饰手法

色彩： 浅色作为玄关配色，可以让小空间没有闭塞感
家具： 定制的收纳柜，造型并不复杂，整墙式的高柜为家居生活提供更多的收纳空间
配饰： 装饰画是整个空间的唯一装饰元素，简约精致，为空间注入浓郁的艺术气息
材质： 仿古砖拥有非常好的耐磨性，即使不在玄关处配置地垫，也不用担心会日久磨损

第 2 章

现代中式风格

NO.1 现代中式风格定位

NO.2 现代中式风格客厅

NO.3 现代中式风格餐厅

NO.4 现代中式风格卧室

NO.5 现代中式风格书房

NO.6 现代中式风格玄关走廊

现代中式风格色彩怎么搭配

现代中式风格的色彩较为淡雅，以白色、木色、米色、灰色居多，常见色彩搭配方案有无彩色+米色、无彩色系、白色+灰色、无彩色+蓝色等。

一看就懂的现代中式风格色彩

背景色的选择

白色、米色这两种颜色比较适合作为现代中式风格居室中的背景色。白色简单、干净，能够缓解小空间产生的压迫感，与任何一种颜色组合，都不会显得突兀，是一种包容性很强的颜色。现代中式风格居室中，米色作为背景色时，可以根据居室的面积来决定其使用的面积大小，浅米色能给人带来整洁、素雅的感觉，比简洁、明快的白色多了一份柔和之美。

• 纯净的白色用作背景色，有利于营造一个干净、整洁的空间氛围

• 浅米色作为背景色，简约中带有暖意

主体色的选择

棕色调、灰色调以及黑色都适合用作现代中式风格居室中的主体色，其中棕色调和灰色调不受空间大小的限制，黑色则需要根据空间面积的大小来决定，以避免产生压抑之感。

• 棕色作为主体色，更能彰显传统中式风格的品质与格调

点缀色的选择

点缀色是现代中式风格居室配色中的点睛之笔，是用来打破单调配色效果的极佳元素。若想营造较为生动的空间氛围，点缀色的选择要避免与背景色的颜色过于接近，通常是选择与所依靠的主体具有对比效果且较为鲜艳的色彩；若想营造一种低调柔和的氛围，则可以选择与背景色接近的色彩作为点缀色，弱化色彩的对比，给人的感觉更加稳定。

• 浅蓝色、米色、咖啡色作为点缀色，层次明快，色调柔和

• 绿色作为点缀色能为居室带来浓郁的自然之感，是任何一种居室风格都不可或缺的元素之一

现代中式风格家具怎么选

现代中式风格家具的主材多以实木为主，采购时，首先必须认真查看家具的表面木纹是否平整，以及家具的边角是否圆润自然；其次是看家具的腿柱底部是否有褪色或是受潮的迹象；最后是检查家具零部件之间的拼接是否严丝合缝，因为中式家具在制作过程中不会使用任何钉子进行衔接，通常会用牙板、牙条、卡子等完成拼接，如果出现较为明显的缝隙，不仅会影响家具的美观度，家具的使用寿命也会受到影响。

一看就懂的
现代中式风格家具

家具的总体特点

现代中式风格家具秉承了明清古典家具的遗风，保留了中式传统特征的同时，又结合了现代工艺，家具的总体尺寸比例匀称，结构严谨，造型更加简洁、大方，也更符合现代人的审美，整体气质恬淡舒适，高贵典雅，中庸大度。

• 简化的线条、沉稳的色调，既有现代风格的时尚又有中式风格的沉静

• 深棕色呈现的视感更显沉静、内敛

• 棕红色实木家具，视感更显高级

家具颜色的特点

现代中式风格的木质家具与传统中式风格的家具在颜色上的区别不大，以棕黄色、棕红色居多。但是现代中式风格家具的选材相比传统家具更加多元化，对布艺、皮革的运用也很多，所以原木色、米色、白色、灰色、黑色等颜色也会被大量运用于家具中。

家具材质的特点

中式家具以实木为主，木质坚实，纹理淡雅，这两个特点充分体现出现代中式风格家具在选材层面上的讲究。通常情况下，会根据木料的纹理来展现木料的独特美，再通过打蜡或是涂抹清油的方式，让木料的色泽与纹理看起来更加美观。

• 实木框架搭配布艺或皮质饰面，既有中式家具的情怀，又有现代时尚感

经典家具单品推荐

• 实木床头柜

• 中式坐榻

• 陶瓷坐墩

• 实木边几

• 多层收纳柜

• 实木书桌

• 实木单人椅

现代中式风格灯具怎么选

现代中式风格灯具的造型简约而不单调，既没有摒弃中式传统装饰元素，也不会单纯地进行元素堆砌，而是将传统元素与现代设计手法巧妙融合。现代中式风格灯具在搭配时需要注意与空间内的其他饰品形成呼应，如可以安装同系列的壁灯或台灯，或摆放一些中式元素的装饰品等，以避免产生突兀感。

灯具的造型与特点

现代中式灯具在造型的设计上大多以平衡、对称为主，以此体现中国古典装饰艺术所蕴含的平衡美。在整体的构架上也较为讲究，质量做工要求更加精细，主要以全铜或铁艺为主材，灯罩会选择玻璃、布艺、陶瓷、纸艺等，灯具的光线以舒适柔和为主，并不会像现代灯饰的光线那么张扬。

• 仿宫灯式台灯

经典灯具单品推荐

• 落地灯

• 吊灯

• 落地灯

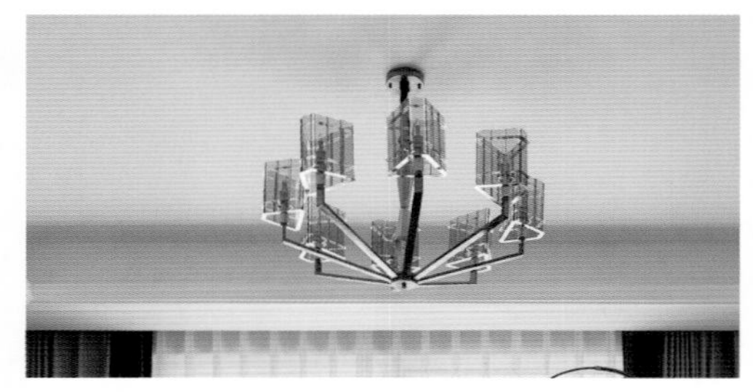

• 铁艺吊灯

现代中式风格布艺织物怎么选

现代中式风格中软装布艺织物元素在颜色的选择上应尽量做到与空间整体配色相协调。流苏、手工盘花等体现中式韵味的装饰元素应与布艺织物的面料相协调，这样才能更好地展现现代中式风格的特点。

布艺织物的颜色与图案

一看就懂的现代中式风格布艺织物

现代中式风格的布艺织物类的装饰并不会有太多繁复的纹样图案，通常以简化的回字纹、万字纹、卷草图案及缠枝花图案为主。其色彩以米色、浅棕色等一些淡雅的色调居多。

常见布艺织物类型及推荐

• 棉麻材质靠枕

• 万字纹地毯

• 装饰流苏

• 平开布艺窗帘

• 纯棉布艺床品

现代中式风格花艺、绿植怎么选

一看就懂的现代中式风格植物

现代中式风格居室中，花艺、绿植的搭配在讲求神、形、意的基础上，融入了一些现代花艺元素，搭配方式上更自由、更多元化。除了传统的梅、兰、竹、菊外，玫瑰、百合、马醉木、吊钟等花艺绿植也颇受推崇。通过植物的自然形态渲染出空间优雅温馨、自然脱俗的氛围，这与中式风格所追求的意境美十分契合。

花艺、绿植的陈设原则

现代中式风格的花艺注重与家居整体环境的结合，造型上不会单一地利用传统元素进行堆砌，而常以枝条、绿叶为主，以花为辅，再搭配上瓶、盘、碗、缸、筒等各类花器。以形传神，以神达意，是中式风格居室中植物陈设的第一原则。

经典花艺、绿植推荐

• 文竹盆栽

• 松树盆栽

• 仿真黄玉兰花

• 仿真梅花

一 看 就 懂 的
现代中式风格饰品

现代中式风格饰品怎么选

现代中式风格有着雅致且沉稳的气质，常用字画、折扇、陶瓷等作为饰品进行装饰，并且注重整体色调之间的协调呼应。荷叶、金鱼、牡丹等具有吉祥寓意的饰品经常作为挂件用于背景墙面的装饰。此外，由于中式风格讲究层次感，因此在选择组合型装饰品的时候，注重各个单品的大小选择与间隔比例，并注重平面的留白且在结构上设计适当的空缺，以营造出朴素简洁的现代美。

饰品的特点

现代中式风格居室中在细节装饰方面十分讲究，往往能在面积较小的住宅中，营造出移步换景的装饰效果。这种装饰手法来源于中国古典园林的布置手法，给空间带来了丰富的视觉效果。在饰品摆放方面，现代中式风格的选择是比较多样的，装饰品可以是画作、瓷器、茶具以及不同样式的灯具等。这些装饰物数量不多，在空间中却能起到画龙点睛的作用。

• 鸟笼造型的装饰体现出现代中式生活的雅趣与情调

现代中式风格饰品推荐

• 工笔画

• 扇面装饰挂件

• 茶具

• 原石装饰摆件

现代中式风格装饰材料怎么选

现代中式风格将简化的传统元素与现代材质、风格搭配使用，巧妙兼容，使得现代中式风格在兼具传统文化韵味的同时，又富有现代艺术的美学理念。在装饰材料的选择上也比较多元化，木材、大理石、玻化砖、板岩砖、仿古砖、青砖、乳胶漆、壁纸、玻璃等材料，只要搭配得当，都可以应用于现代中式风格居室中。

一看就懂的现代中式风格装饰材料

材料质感的特点

利用不同质感的材料相互搭配使用，以体现现代中式风格居室选材多元化的风格特点。如壁纸+乳胶漆、镜面+木材、大理石+木材、石膏板+木材等组合，利用装饰材料在颜色、触感方面形成的对比或呼应，来体现现代中式风格装饰材料应用的特点。

• 木饰面板与茶镜线条的组合，层次丰富，质感突出

材料颜色的选择

现代中式风格营造的是一种朴素、雅致的氛围，顶棚、墙面的主材颜色多以米色、白色为主，主题墙面的材料可以根据配色方案，或深或浅，通常以低调内敛的颜色为主，不会选择过于华丽出挑的颜色；地板、地砖等地面主材颜色可根据室内采光及朝向进行选择。

特色材料的组合推荐

• 硬包+镜面，层次丰富，质感对比强烈，装饰效果简洁利落

• 壁纸，单一的壁纸可以通过精美的图案来提升美感

• 钢化玻璃+木饰面板，洁净感更强

• 大理石，浅咖啡色网纹大理石的装饰效果简约大气，既能展现现代时尚感，又能体现出现代中式风格的轻奢感

客厅

NO.2

色彩：暗暖色+米白色+黑色的配色组合，既有传统中式风格的内敛，又有现代风格的精简，整体色彩层次分明，雅致中带有时尚感

配饰：暖色灯光的运用，让整个空间的氛围更有暖意

材质：护墙板装饰的沙发墙，颜色洁净、质感细腻，呈现给人的视觉效果简约、大气

色彩：家具的深色为居室空间带入中式特有的沉稳基调，简约的白色和米色能缓解深色的厚重感，整体色彩搭配十分符合现代中式风格的配色特点

家具：家具线条简洁大方，简化后的家具设计更符合人体工程学原理，也使空间的舒适度与美观度得到了提升

材质：电视墙壁纸的颜色成为室内比较出彩的装饰元素，既提升了装饰层次感，又起到画龙点睛的作用

色彩：灰色与黑色作为客厅的主体色，让现代中式风格居室的留白更大，极简的格调与现代中式风格的特性十分匹配

配饰：留白不代表大面积的空白，装饰画让空间极富艺术感

材质：白色乳胶漆装饰的墙面，简洁、纯净，营造出一个更加舒适、简约的空间氛围

色彩：咖啡色作为背景色，与家具的深色搭配协调，营造出一个沉静而优雅的空间氛围，蓝色点缀其中，使整个氛围又增添了一些明亮感

家具：家具的线条简单，边角利落，配上深沉的颜色，既有传统美感又富有现代时尚感

材质：强化地板的性能比实木地板更好，经济耐用，性价比高

色彩： 同色调的配色，营造出平稳祥和的空间氛围，深色木质家具的运用使配色层次更分明，也缓解了同色调的单调感

配饰： 灯光与饰品的完美搭配，为空间装点出别样的艺术气息

材质： 用矮墙来分割空间，打造出一个视觉开阔的客厅空间，大理石饰面给空间带来一种低调的质朴气质

色彩： 在以纯净、简约的米白色作为主体色的空间中，少量绿色的装点展现出小家碧玉的美感，营造出一个清新、淡雅的空间氛围

家具： 风景画装饰了空白墙面，使空间的艺术氛围更浓郁

材质： 乳胶漆装饰的墙面，简洁大方，暖色调更有益于对现代中式风格空间氛围的渲染

色彩： 灰蓝色作为主体色，搭配原木色，整体色彩搭配在时尚中带有一丝自然之感，彰显出现代中式风格婉约舒适的色彩基调

家具： 灰蓝色调的沙发，既有传统的质朴感又有现代家具的简洁感

材质： 木线条的装饰，勾勒出空间的层次感

色彩：高级灰的背景色，为空间带入内敛、时尚之感，暗暖色的运用，使空间配色有了温度感，也使空间的整体气质显得十分沉稳

家具：沙发的样式简洁大方，搭配了大量的布艺抱枕，舒适度得到有效提升

材质：米色调的地砖，简洁通透，给空间添加了温暖之感

色彩：白色+木色的色彩组合，尽显现代中式风格的简洁与淡雅，再融入一些深色作为局部点缀，配色层次更加分明

配饰：工艺品画装饰的沙发墙，让留白的墙面成为空间的装饰焦点，有效提升了空间的艺术氛围

材质：木线条与白色乳胶漆的组合，极简而又富有自然的质朴之感，彰显了现代中式风格简约舒适的风格基调

色彩：咖啡色作为背景色，搭配了家具的深棕色，呈现的视觉感沉稳而温暖，再利用布艺、插花等元素的点缀，可以营造出不一样的现代中式风格

家具：直线条家具给人的感觉大气又不失雅致温馨之感

材质：素色调的壁纸使整个空间都沉浸在温馨、安逸的氛围当中

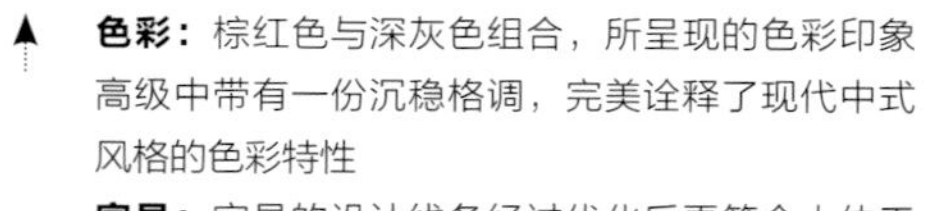

色彩：棕红色与深灰色组合，所呈现的色彩印象高级中带有一份沉稳格调，完美诠释了现代中式风格的色彩特性

家具：家具的设计线条经过优化后更符合人体工程学原理，舒适度得到提升

材质：素色乳胶漆让客厅墙面形成留白，其所展现的简约风在现代中式风格居室也十分盛行

色彩：降低了明度与纯度的蓝色，搭配沉稳的棕红色，使客厅空间的配色给人以低调贵气之感

配饰：布艺元素的运用是客厅装饰中的一个亮点，其上传统中式纹样的运用，烘托出中式居室的雅致氛围

材质：米白色硬包让墙面产生大量的留白，展现出家具的美感与品质

色彩：灰色+棕色的配色，既有现代风格的高级感，又带有浓郁的中式质朴气息

配饰：晕染水墨画赋予空间浓郁的现代中式文化气息

材质：木纹地砖装饰了整个空间，展现出现代中式风格居室简洁、质朴的风格基调

色彩：白色让客厅看起来更显宽敞明亮，搭配黑色，视感更显明快，浅米黄色、浅蓝色的点缀，丰富了空间的色彩层次，整体色彩效果显得清爽雅致

配饰：绿植、插花的点缀装饰，提升了空间的美感，为现代生活融入清爽、淡雅的自然气息

材质：整个客厅的留白通过白色乳胶漆得以体现，简洁美观，日常养护也很方便

色彩：颜色深浅搭配有致，从墙面到沙发，层次分明，彰显出现代中式风格的简约美感

家具：两把木色单人椅不仅对空间功能进行补充，也为整个色彩氛围增添了暖意

材质：灰色调的软包，提升了空间装饰的美感，同时其优越的性能也提升了整个空间的舒适度

▲ **色彩：**浅灰色的粗布沙发和棕红色的木地板，展现出现代中式风格大气雅致的美感
家具：布艺沙发其简单的木质框架搭配柔软的布艺饰面，既有中式风韵又有现代时尚感
材质：壁纸的图案十分精美，其上传统的几何图案和花鸟图案，完美诠释出中式传统文化的博大精深

▼ **色彩：**黄色的点缀成为室内最吸睛的装饰点，让充满高级感的空间配色拥有了一份娇艳之感
配饰：艺术感十足的工艺品画，与整个空间的灰色基调相协调，空间的每一处装饰都彰显了现代中式风格的精致与巧思
材质：沙发墙的装饰线条呈对称式设计，彰显了中式风格对平衡美的追求与痴迷

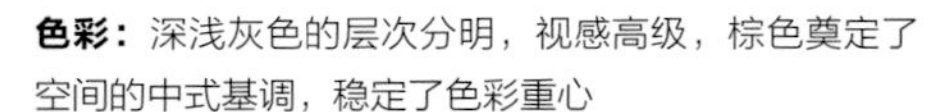

色彩： 深浅灰色的层次分明，视感高级，棕色奠定了空间的中式基调，稳定了色彩重心

配饰： 留白的墙面像是特地为装饰画预留了展示的空间，水墨画使空间的艺术氛围更加浓郁

材质： 白色乳胶漆装饰的墙面，简洁大气，让现代中式风格居室也能拥有极简韵味

色彩： 客厅被浅色包围，整个空间无论是背景色还是主体色都以浅色为主，少量黑色、红色的点缀，使简约时尚的空间氛围也流露出质朴华丽的美感

配饰： 灯饰、装饰画、插花、工艺饰品等元素都是静态的，错落有致地搭配在一起，呈现出让人赏心悦目的美感

材质： 乳胶漆的颜色素雅质朴，为客厅营造了优雅的空间氛围

色彩： 浅咖啡色作为客厅的主色调，通过白色和木色的辅助与调和，让其拥有了明快的层次感

家具： 家具的线条简洁流畅，圆角的处理不仅提升了美观度，舒适度也得到了提升

材质： 仿古砖防滑耐磨，日常清洁也十分方便，搭配一张大块地毯可以提升客厅的舒适度，且地毯的混纺面料有着耐磨易清洗的优点

▲ **色彩：**灰色和黑色作为主体色，营造出一个现代感十足的空间氛围，蓝色、白色的点缀，则让色彩层次更显丰富、明快

家具：家具的线条简约干练，考究的选材彰显了现代中式家具的精致格调，沉稳大气

材质：木纹壁纸拥有仿木纹的纹理，可提升空间装饰感，是一种性价比很高的装饰材料

▼ **色彩：**红色的点缀，增添了空间的华丽感，深棕色和米白色作为主体色，让简约的配色拥有了古朴的韵味

配饰：装饰画、插花、灯饰以及布艺元素中汇集了大量的传统元素，将中式传统文化的精髓带入现代风格居室，完美地诠释了现代中式风格融合现代基调，弘扬传统文化的风格特性

材质：墙面运用大理石作为装饰，并与沙发墙的硬包形成对比，精致的选材成为烘托室内氛围的有效手段

色彩：客厅整体以浅棕色、灰色、黑色和米白色为主，既有现代风格的时尚，也有中式风格的内敛与沉稳

配饰：抽象题材的装饰画，填补了沙发墙的空白，也提升了室内的艺术氛围

材质：沙发墙的乳胶漆颜色淡雅，与地板颜色形成呼应的同时，保证了空间色调的温度感

色彩：米白色+灰色的配色组合，明快中带有柔美之感，软装元素的装点丰富了空间的色彩氛围，提升了空间装饰的趣味性

配饰：软装元素的装点是必不可少的，挂画、灯饰、花艺等元素带有浓郁的中式韵味，从细节处彰显出现代中式风格的文艺气息和雅致格调

材质：木线条的修饰让沙发墙的设计感更强，突显了装饰画的艺术魅力

色彩：米白色居多的客厅给人的感觉纯净、柔和，棕红色的搭配，更显色彩层次的明快感
配饰：传统纹样及工艺品的装饰，使简约的空间拥有了浓郁的中式格调，使人赏心悦目
材质：大面积的乳胶漆墙面简单洁净，更加突显了装饰画的艺术感

色彩：米白色+深棕色的组合，深浅搭配有致，层次分明，十分符合现代中式风格居室对色彩的要求
配饰：吊灯+射灯+台灯组成的照明组合，让客厅拥有简洁明亮的灯光氛围
材质：电视墙不做任何装饰造型，仅用乳胶漆作为装饰，巧妙地实现了留白处理，简约大方的基调彰显出现代中式风格的时尚感

色彩： 棕色+米白色组成的空间配色，使整个客厅给人的感觉雅致中带有一丝明快的美感

家具： 简洁流畅的家具线条，圆润的转角处理，提升了家具使用的舒适度与美感

材质： 大理石与木饰面板装饰的沙发墙，在质感与颜色方面形成对比，整体装饰效果在内敛中流露出对华美气度的追求，含蓄雅致，赏心悦目

色彩： 卡其色与米白色分别用在背景色和主体色中，其温暖的色彩氛围总能给人带来淡雅舒适的感觉

家具： 不同材质及造型的矮凳丰富了待客空间的装饰效果，使大客厅看起来饱满许多

材质： 软包装饰了沙发墙，搭配风景画，既有层次感又具备很好的视觉观赏性

▲ **色彩：** 红色、蓝色与灰蓝色的点缀装饰，让空间的色彩饱满度得到提升，营造出属于现代中式风格居室的淡雅格调

家具： 沙发两侧放置的休闲椅，一蓝、一灰，不仅提升了空间的色彩层次，且其柔软舒适的造型增添了客厅空间的休闲感

材质： 沙发墙运用手绘图案进行装饰，若隐若现的山水画，引人遐想，营造出意境美

▲ **色彩：** 米色+棕色作为主体色，通过黑色、金色和深棕色等颜色进行调和，提升色彩层次的同时，也突显了中式风格内敛淡雅的色彩特性

家具： 绒布饰面的沙发呈L形布置方式，暖暖的米色在灯光的映衬下显得格外华丽

材质： 实木线条的装饰很有立体感，也很别致，古色古香的色调，奠定了空间的沉稳格调

▲ **色彩：** 浅米色的布艺沙发干净优雅，辅以低明度、高饱和度的蓝色抱枕，让配色效果更有层次感

家具： 古色古香的实木茶几，造型简洁利落，其复古的色调是强调风格特点的关键所在

材质： 木地板的颜色较深，奠定了居室温暖、舒适的基调，也让色彩的搭配更有层次感

色彩：浅灰色+蓝色的组合，简约中带有清爽之感，黑色、黄色的点缀装饰，能提升色彩的层次感，增添活跃感与明快感。

配饰：装饰画是体现中式韵味的点睛之笔，画风清爽秀丽，艺术氛围浓郁

材质：简单大气的地砖，丰富的纹理，洁净的饰面，让客厅更加明亮通透

色彩：浅米色搭配简洁的黑色线条，层次明快，视感简洁大方，别有一番现代中式风格的时尚与典雅

配饰：沙发两侧对称摆放的台灯成为客厅装饰的亮点之一，暖红色的台灯烘托出更加温暖的光影氛围

材质：大理石奠定了空间的时尚基调，色调高级，视感通透

餐厅

NO.3

色彩： 黄色+黑色+白色的组合，深浅搭配有致，黄色不仅调和了黑白两色的强烈对比，还能为空间带来温暖的氛围

配饰： 留白的墙面上运用装饰画进行填补，艺术感浓郁

材质： 素色壁纸为空间营造出素雅安逸的氛围

色彩： 浅木色的家具是空间的主体色，配合作为背景色的卡其色和黑色，色彩层次分明，尽显现代中式风格的雅致感

配饰： 吊灯的样式别致，复古的流苏元素装饰出中式灯具的传统美感，搭配顶棚的灯带，光影层次丰富而明亮

材质： 墙面的木线条不仅突显了壁纸的质感与美感，同时与踢脚线形成呼应，完美地体现了空间设计的整体感与协调感

色彩：深浅木色的交替搭配，看起来十分用心，为现代中式风格餐厅营造出浓郁的自然之感

家具：家具的线条简约干练，原木色的配色呈现出自然质朴的美感

材质：深咖啡色地砖的纹理饱满丰富，光滑简洁的饰面增添了餐厅的时尚感

色彩：大面积的留白使空间具有非凡的包容性，深色家具与其形成的对比，让空间配色效果十分明快，绿色的点缀带来赏心悦目的自然之感

配饰：三幅装饰画弱化了大面积留白的空旷与单调之感，增添了用餐空间的艺术气息

材质：纯洁、干净的白色乳胶漆为空间营造出极简的美感

色彩：黑色与白色彰显出现代风格的时尚感，蓝绿色的点缀，让配色效果更显高级，简洁清爽

家具：家具的线条简约流畅，配以复古的色调，充分彰显了现代中式风格家具兼顾时尚感与复古感的特性

材质：浅咖啡色网纹大理石装饰的地面，给人带来温馨大气的视觉感受

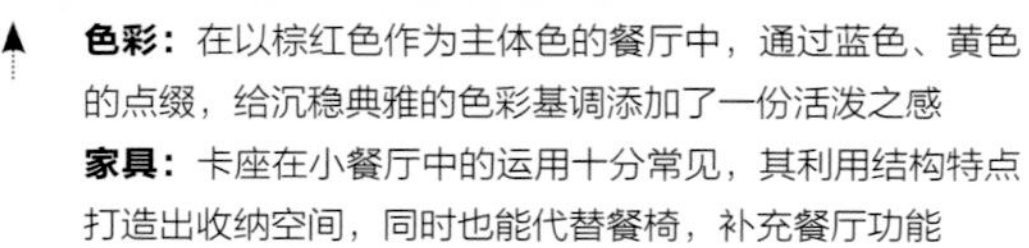

色彩：在以棕红色作为主体色的餐厅中，通过蓝色、黄色的点缀，给沉稳典雅的色彩基调添加了一份活泼之感

家具：卡座在小餐厅中的运用十分常见，其利用结构特点打造出收纳空间，同时也能代替餐椅，补充餐厅功能

材质：咖啡色的地砖呈现出温暖低调的视觉效果，黑色大理石强调空间划分，比任何间隔都更有效

色彩：棕黄色是餐厅中的主体色，让空间的自然雅致之感油然而生

配饰：圆形玻璃窗成功将室外景色引入室内，用借景的手法诠释出属于中式风格的禅意之美

材质：餐厅与相邻空间采用玻璃推拉门进行分隔，既不影响空间采光，又能形成有效间隔

色彩：黑色作为餐厅的主体色，营造出一个时尚而沉稳的用餐空间，白色、灰色的搭配，使空间氛围更简约舒适

配饰：插花、墙饰等软装元素的装点，让空间的中式氛围更加浓郁

材质：硬包与密度板组合，在颜色和材质方面对比分明，彰显了墙面设计的层次感

色彩：孔雀蓝成为空间内最亮眼的色彩，装点出一个清爽、雅致的用餐空间，白色、黑色的辅助搭配，是提升色彩层次的关键所在

配饰：墙饰与插花的组合，禅意十足

材质：地面大理石的颜色是空间内最有重量感的颜色之一，使整个空间显得沉稳内敛

▲ **色彩：**原木色+棕黄色的配色组合，使色彩过渡和谐平稳，黑色、黄色的点缀，是提升色彩层次的关键，同时也增添了配色的明快感

家具：餐椅的造型具有传统中式圈椅的影子，其简化的线条使其舒适度更佳

材质：棕黄色木饰面板装饰的背景墙，质感细腻，纹理丰富，十分符合现代中式风格的雅致基调

▼ **色彩：**将深色用在地面上，能起到突显空间重心的作用，装饰画、餐具、花艺等元素的点缀装饰，能提升色彩层次，装点空间氛围

家具：餐桌椅的样式简单、选材新颖，让餐厅充满现代时尚气息

材质：地砖的纹理丰富饱满，颜色时尚大气，整体空间采用同一材质装饰地面，整体感与视觉延伸感更强

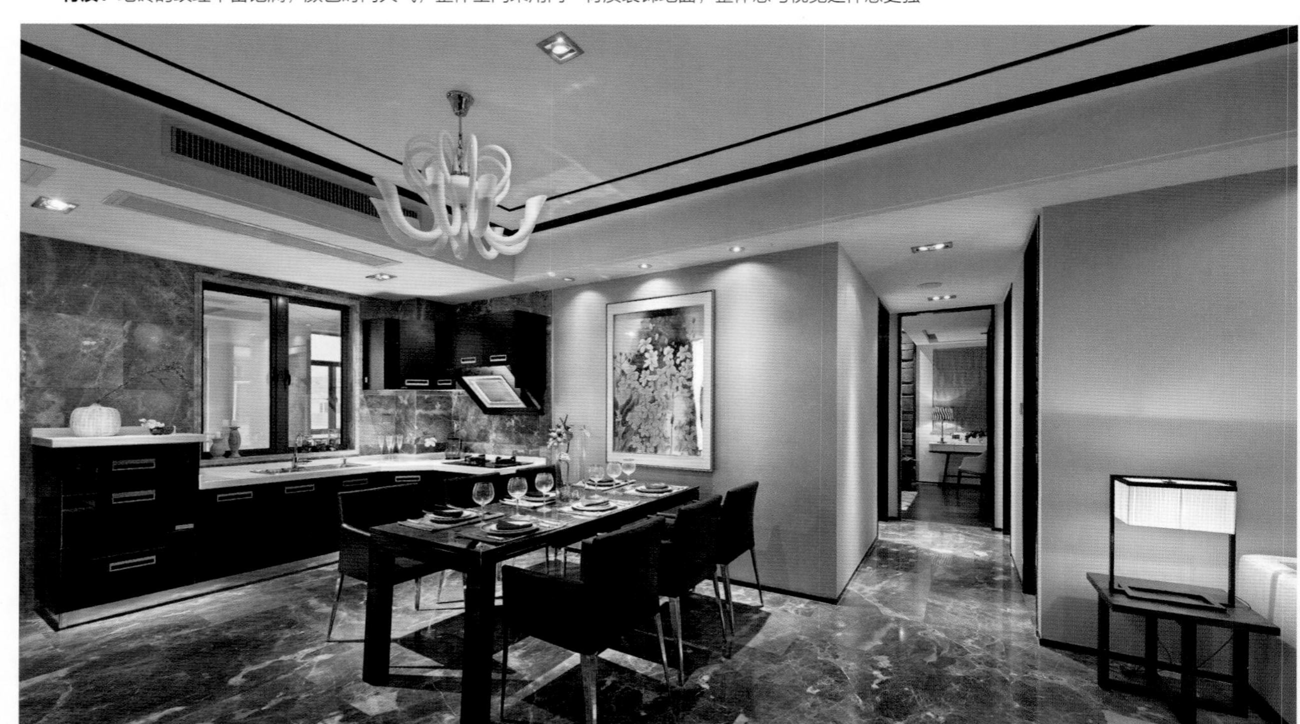

◀

色彩：深棕色作为主体色，浅咖啡色作为背景色，深浅对比明快，白色的点缀则增添了空间视觉上的洁净感

配饰：飞鸽造型的陶瓷墙饰镶嵌在墙面上，成群结队，栩栩如生，增添了空间的趣味性

材质：软包墙有很强的立体感，且具有良好的吸声隔音效果，是经久不衰的家装主材

▲

色彩：在以原木色和白色作为配色组合的空间中，适度的留白，让整个空间给人的感觉协调而安逸，墙面的橙色和桌面的绿色，虽然面积不大，却有很强的视觉表现力，是不可或缺的装饰色彩

家具：定制的收纳柜与空间结构融为一体，拉齐了空间视线，体现出设计的整体感

材质：磨砂玻璃饰面的门板比传统木门通透性更强，其朦胧的视感美观度更高

▲ **色彩：**温润古朴的木色作为餐厅的主体色，奠定了一个自然、质朴的空间基调，灰色布艺坐垫点缀出高级感，在白色背景色的衬托下，也有时尚大气的现代美感

配饰：装饰画、花卉的点缀装饰，使空间的留白更有意境，提升了居室美感

材质：木地板+白墙漆的组合，治愈感极强，和谐舒适，营造出一个干净、清爽的用餐空间

▼ **色彩：**白色作为整体空间的背景色，奠定了空间简洁干净的色彩基调，家具的颜色配合白色，营造出简洁舒适的氛围，让人感到无比放松

家具：家具的线条简洁干练，其圆润的转角突显了现代中式风格家具的精致与人性化的设计理念

材质：缩小了踢脚线的宽度，使餐厅墙面看起来更高，白色木线条与墙面颜色保持一致，使空间简洁感更强

→

色彩：浅米色作为背景色，营造出一个简洁而雅致的空间氛围，与深色家具搭配，深浅搭配有致，空间的整体氛围也更舒适

配饰：工艺品画和花艺，既是艺术品也是完美的装饰物，很好地烘托出用餐空间的中式情怀和氛围

材质：地板人字形的铺装方式，层次更丰富，使整个空间都散发着自然、质朴的气息

↓

色彩：墨蓝色的运用，增强了空间的时尚感，浅米色作为背景色是展现现代中式风格基调的重点

家具：皮质饰面的贝壳椅舒适度与美感兼具

材质：壁纸颜色的选择符合现代中式风格的风格基调，素雅洁净

←

色彩：浅米色作为背景色，让整个餐厅空间都散发着温暖、安逸的气息，在其中适当地融入一些深色作为辅助装饰，既能提升色彩层次，又不会破坏现代中式风格的配色基调

配饰：吊灯、灯带、壁灯的组合，不仅丰富了空间的光影层次，灯具美观的外形，也成为美化空间的一部分

材质：黑线条的修饰，让地砖看起来更有层次感与空间感

现代中式风格

卧室 NO.4

色彩：米白色作为卧室的背景色，色彩氛围简洁柔和，与深棕色深浅搭配，配色层次分明

配饰：装饰画让床头墙看起来更有美感，为睡眠空间注入满满的艺术情怀

材质：黑色烤漆玻璃作为衣柜的饰面板，其简洁细腻的质感为质朴素雅的空间增添了时尚感

色彩：浅咖啡色作为背景色，很好地缓解了深色家具、地板的沉闷感

家具：直线条的家具造型十分别致，古朴的配色提升了家具的颜值，绿植的装饰，赋予空间浓郁的自然气息

材质：做旧的深色地板让空间的基调更显淳朴，彰显出满满的复古情怀

色彩：灰色作为主体色，分别用在软包、窗帘、床品及家具中，在这样的空间中，白色和木色的调和显得尤为重要，是提升色彩层次的关键

配饰：筒灯、射灯、台灯、落地灯的组合运用，让卧室光影效果丰富饱满

材质：软包利用木线条进行装饰，提升了其立体感

色彩： 棕色的深浅组合作为卧室的主色调，再利用白色进行调和，整体色彩的搭配更和谐、舒适、温馨

配饰： 工艺品画填补了墙面的空白，极富创意的表现手法很好地诠释出中式文化的内涵与格调

家具： 定制的家具选择了白色，让高柜看起来不显压抑，其充足的收纳空间也让卧室更显整洁

色彩： 布艺元素的颜色形成了互补，不仅提升了色彩层次感，还为现代中式风格居室带来了一丝清爽、甜美、浪漫之感

家具： 直线条的家具，简洁大方，配合沉稳的色调，让家具既有现代简约的美感又有古典家具的古朴韵味

材质： 乳胶漆的颜色简约素净，装饰效果简单、高级

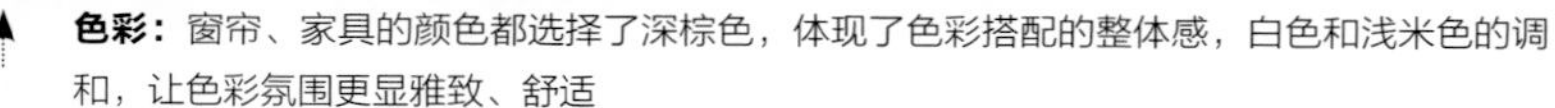

色彩：窗帘、家具的颜色都选择了深棕色，体现了色彩搭配的整体感，白色和浅米色的调和，让色彩氛围更显雅致、舒适

配饰：卧室采用无主灯式照明设计，床头柜上对称摆放的台灯，不仅可以用作空间内的补充照明，还能起到很好的装饰作用

材质：壁纸装饰的墙面，通过黑镜线条的修饰，更显时尚优雅，线条干净利落，层次也更加丰富

色彩：浅咖啡色搭配深棕色，尽显现代中式风格的简洁与淡雅

配饰：精美的吊灯成为顶棚装饰的亮点，暖色光线更显温馨；床头摆放的台灯在细节处添加了传统元素作为装饰，为空间带来古朴的韵味

材质：顶棚运用回字形线条作为装饰，丰富了顶棚设计的层次感，缓解了白色的单调感

▲ **色彩：**棕黄色+孔雀蓝的组合，使空间的配色既有清爽秀丽之感，又有浓郁的古雅格调

家具：家具的样式简单，细节处添加的雕花装饰，完美诠释了中式家具的魅力

材质：硬包作为床头墙的装饰主材，其上装饰画的运用更加突显了硬包的质感与美感

◀ **色彩：**床品的颜色沉稳内敛，装点出一个低调、华丽的睡眠空间

配饰：床品装饰物成为展现中式风格魅力的点睛之笔

材质：木质格栅搭配印花壁纸，拥有自然之感的木材色调沉稳，衬托出壁纸的精美与细腻

色彩：白色+棕红色的配色，时尚中带着沉稳之感，完美地诠释出现代中式风格的配色基调

家具：定制的家具使卧室的功能得到提升，可以根据需求在卧室中开辟一处用于读书或学习的角落

材质：床头墙的木饰面板颜色深浅有致，使墙面的设计层次得到了提升

色彩：原木色是卧室的主体色，不同明度和纯度的绿色点缀其中，自然气息满满

家具：家具简洁的线条和自然的色调，给人的感觉大方、利落

材质：金属壁纸装饰的床头墙，搭配明亮的灯光，质感十分突出，美观度也得到提升

色彩：红色作为主体色，不仅丰富了空间的色彩层次，还奠定了现代中式风格的基调

家具：直线条的家具，简洁大气，其沉稳的色调，彰显了现代时尚感与中式雅致感

材质：肌理壁纸在灯光的映衬下，质感更突出，其高级的配色让装饰效果更加出众

▲ **色彩：** 红色、粉色、黄色的点缀装饰，提升了色彩层次感，弱化了大面积浅棕色的单调与沉闷

配饰： 明亮的灯光也可以用来缓解背景色的单调感，映衬出浮雕壁纸的层次，使其质感更加突出

材质： 浮雕壁纸装饰的墙面，大气十足，极富美感

▼ **色彩：** 黑色和灰色作为家具的颜色，是卧室配色的主体色，背景色选择了浅咖啡色和白色，很好地包容了黑色的厚重感，呈现的色彩氛围略显时尚，又不失素雅之感

家具： 定制的衣柜与空间结构的契合度更高，整体感更强，收纳空间也十分充足

材质： 印花壁纸的图案雅致精美，其温和的色调让睡眠空间既舒适又静谧

色彩：深棕色与浅米色的组合，深浅搭配有致，对比明快，层次分明
家具：休闲椅增添了卧室的休闲感，收纳柜增强了空间的收纳功能，让卧室看起来整洁干净，小件家具的补充不仅增强了空间的功能，其优雅美观的造型也提升了空间的装饰颜值
材质：软包装饰的卧室墙面，极富立体感，是一种兼具装饰性与功能性的装饰材料

色彩：棕红色成为室内的主体色，奠定了现代中式风格的典雅基调，浅咖啡色和白色的运用，起到提亮空间的作用
配饰：空白墙面上的装饰画增添了空间的艺术氛围，同时也是传统中式文化的完美展现
材质：壁纸的颜色简约素雅，是营造空间温暖氛围的重要元素

色彩：白色作为主色调，运用大量的黑色线条进行装饰，视感简约，层次明快
配饰：左右对称悬挂的吊灯，极具传统灯饰的风韵，其暖色的灯光与顶棚灯带相搭配，使空间光影氛围更显温暖
材质：纯净的白色乳胶漆实现了卧室墙面的大面积留白，不做任何装饰点缀，极简风貌也能深入人心

色彩：浅咖啡色+深棕色的组合，深浅颜色搭配有致，色彩氛围和谐舒适
配饰：床头对称摆放的陶瓷台灯，简洁、纯净，赏心悦目的外形使其成为一件高颜值的装饰品
材质：对称装饰的木质格栅，既体现了中式风格的古朴韵味，又体现了十分舒适的平衡美感

色彩：窗帘的蓝色作为辅助色，成为室内配色的一个亮点，打破了沉稳颜色的单调感与沉闷感，强调了现代中式风格的时尚气息
家具：家具的颜色沉稳内敛，极具中式家具古朴韵味，简化的线条将现代的美感融入其中，使时尚与雅致相结合，更加赏心悦目
材质：壁纸的颜色给人带来温文尔雅之感，为卧室烘托出一个暖意十足的睡眠空间

色彩：棕红色搭配卡其色，视感沉稳而柔和，通过白色的调和，使得空间色彩层次更加丰富
家具：收纳柜既能满足收纳需求，还能用来陈列一些装饰品，装点空间，提升室内颜值
材质：大面积的深色护墙板奠定了空间的古朴基调

色彩：在以灰色+黑色作为主体色的空间中，白色显得尤为重要，其不仅可以缓解黑、灰两色的沉闷感，还能提升色彩层次感

配饰：黑白色调的装饰画，装饰出空间的艺术感

材质：软包墙的立体感很强，配色高级，装饰性与功能性兼具

色彩：绿色、黄色的点缀，让配色简洁的空间拥有一份明媚之感，更显清爽舒适

家具：小件家具的填补，让卧室的休闲感倍增

材质：壁纸装饰的墙面，其素净的色调，让睡眠区既舒适又静谧

色彩：深色被运用在主题墙和家具中，颜色的呼应体现出软硬装色彩搭配的协调感，黄色调的布艺窗帘是提升空间色彩层次的关键，使空间暖意十足

配饰：顶棚四周的暖色灯槽，让卧室的整体氛围更显温馨，落地灯和床头灯的辅助搭配，让光影层次丰富起来

材质：木地板在深色调的空间内显得格外自然雅致

色彩：灰色作为空间的主体色，体现出很强的现代时尚感，暖暖的卡其色和原木色则奠定了空间的古典基调

配饰：床头两侧的吊灯造型极具中式传统灯具的风韵，配合暖色光线，整体装饰效果更加赏心悦目

材质：软包装饰的墙面层次丰富，其良好的性能使其十分适合在卧室中使用

色彩：浅米色作为背景色，缓解了深色家具的沉重感，让卧室的整体基调更显舒适温馨

配饰：装饰画填补了墙面的空白，增添了空间的艺术感

材质：垭口处运用了木饰面板作为装饰，搭配嵌入式的射灯，极富美感

NO.5 书房

▲ **色彩：** 黑色+白色的书房配色，简洁大气，座椅的灰色、窗帘的墨蓝色作为辅助色，丰富了空间配色的层次感

家具： 定制的书柜、书桌，整体感非常强，部分白色饰面与空间留白形成呼应，提升了家居空间的美感

材质： 原木地板尽显自然淳朴基调，与纯白色墙面搭配，为现代中式风格居室带入极简之感

▼ **色彩：** 书房主要以大气沉稳的棕色为主，以白色、原木色、卡其色为辅，绿色作为点缀色，视感清雅，极富东方韵味

家具： 直线条家具，给人带来简洁、利落的美感，其沉稳的色调迎合了中式风格深沉而内敛的风格特性

材质： 素色乳胶漆让墙面呈现的视感整洁中带有柔和之感，让简单的材质也能提升书房的格调和气质

色彩：白色+棕红色+黑色的配色，既有现代风格的时尚与明快之感，又有中式风格的沉稳大气，完美地诠释出现代中式风格的特性

家具：白色书柜为书房空间创造了更多的留白，无形中放大了整体的视觉效果

材质：乳胶漆装饰的墙面，整洁干净，与地板的衔接用了白色踢脚线，层次更显明快，也突显了地板的质感

色彩：深棕色+浅灰色的组合，高级感十足，整体配色效果在传统中式风格的内敛沉稳中融入了现代中式风格的时尚与睿智

家具：书柜的样式简洁利落，其古色古香的色调搭配设计层次丰富的格栅，让书柜既有现代家具的时尚感又有传统家具的雅致感

材质：玻璃推拉门作为书房与餐厅之间的间隔，有效地对区域进行了分割，极富美感，还兼顾了空间的延续性

▲ **色彩：**奶白色布艺窗帘让书房的配色有了洁净感，缓解了深色的沉闷感，增添了色彩层次
家具：家具的线条简单，边角经过圆角处理，美观度更高，配上深沉的色调，打造出一个质朴的现代中式风格书房
材质：地板经过做旧处理，其装饰效果更强，质感也更突出

▼ **色彩：**原木色作为主体色，配合窗和地面的浅灰色，整体配色效果显得低调优雅，一株绿植的点缀，使居室的氛围有了清爽之感
家具：整墙的书柜在灯带的衬托下，层次更显丰富，也更有视觉上的轻盈感
材质：壁纸和乳胶漆装饰的墙面及顶棚，弱色差的对比使整体配色效果显得十分柔和

▲ **色彩：**深棕色作为主色调，营造出一个沉稳低调的空间氛围，白色、浅灰色、浅咖啡色的调和，提亮了整个空间的色彩层次，使整体氛围不再沉闷，而是很舒适

家具：整墙的书柜被设计成推拉式柜门，其上以精美的工笔画作为装饰，提升了整个书房的格调和气质

材质：木地板的铺装没有做任何特殊造型，迎合了现代中式风格简约、质朴的风格特点

▲ **色彩：**原木色和深棕色作为主体色，为室内增添了色彩温度感，顶棚的白色带出些许洁净感

家具：简洁的格栅线条赋予书柜一定的层次感，也彰显了现代中式风格家具的特点

材质：实木地板装饰的地面，触感极佳，其素雅而质朴的色调，让书房有了一份自然之美

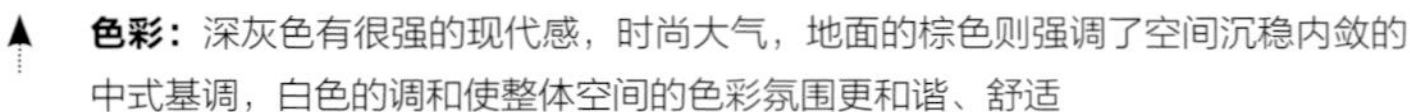

色彩：深灰色有很强的现代感，时尚大气，地面的棕色则强调了空间沉稳内敛的中式基调，白色的调和使整体空间的色彩氛围更和谐、舒适

家具：简单的直线条家具，给人带来简洁、利落的美感，大量的书籍及三五饰品的装扮，使空间的书香气息更加浓郁

材质：落地窗保证了空间的通透性与采光，衬托出地板的温润质感

色彩：书房采用棕黄色作为主体色，搭配浅色沙发椅和窗帘，营造了温馨、雅致的空间氛围

配饰：边几旁布置了落地灯，光线明亮，作为局部照明非常有效，其简约美观的外形起到了装饰空间的作用

材质：木材带给空间暖意和质朴之感，强调了现代中式风格追求雅室书香的风格基调

色彩：深灰色作为家具的主体色，为书房带来时尚大气之感，配合小件元素的点缀，整体色彩层次丰富且不混乱

配饰：工艺品、花艺、书籍等软装元素搭配有致，装点出一个极富内涵的书房空间，充满趣味性的饰品也让家居生活更有情趣

材质：简约的地板、素色的壁纸外形看似简单，却营造出一个舒适、雅致的空间氛围

色彩：黑色+棕色作为书房的主体色，色调沉稳内敛，白色和灰色的加入，为空间融入了时尚基调

家具：定制书柜样式简洁大方，收纳功能强大，陈列其中的藏品、书籍成为空间最美妙的装饰

材质：木材是营造空间质朴、自然之感的不二之选

玄关走廊

NO.6

色彩：大面积的白色让玄关呈现给人纯净、简约的视觉感，黑色线条构建出简单的层次，使简洁、利落成为玄关的装饰主题

配饰：晕染的水墨画让留白的墙面看起来更加简约、清雅，蕴含着中式传统文化的韵味

材质：顶棚与地面的线条对称设计，遥相呼应，体现出设计的整体感

色彩：浅色贯穿整个玄关空间，搭配深棕色，使整个空间色彩层次得到有效提升

家具：简单的家具布置，在满足日常生活需求的同时兼顾了美感的展现

材质：墙面运用浅色壁纸作为装饰，配合地砖呈现的视觉感十分高级，让入门的玄关空间给人的感觉十分舒适

色彩：以棕色作为主色调的玄关，给人的感觉沉稳、低调，在其中放置一张浅色的地毯，不仅丰富了配色层次，在视感上也显得十分明亮

家具：高柜设计成悬空式，能给人带来轻盈感，避免沉闷和压抑

材质：实木地板的颜色厚重，奠定了空间的沉稳基调，几何图案的地毯，颇具时尚感，使玄关既有传统中式风格的古朴韵味，又有现代风格的时尚大气

色彩：棕色+白色+黑色的配色组合，沉稳中带有明快之感，红色作为点缀色，面积很小，却让色彩氛围显得十分活跃

家具：换鞋凳的样式十分别致，成为空间内装饰的一个亮点

材质：地板保证了空间的温度感，施工简单，维护方便，很符合现代生活一切从简的生活理念

色彩：灰色的高级感和棕色的沉稳感组合在一起，彰显了现代中式风格时尚内敛的基调

家具：搁板与收纳柜的组合运用，不仅使空间装饰看起来更有层次，还能满足不同需求的收纳

材质：壁纸+木材装饰的墙面，质感细腻，颜色层次感很强，带给人利落、高雅的视觉感受

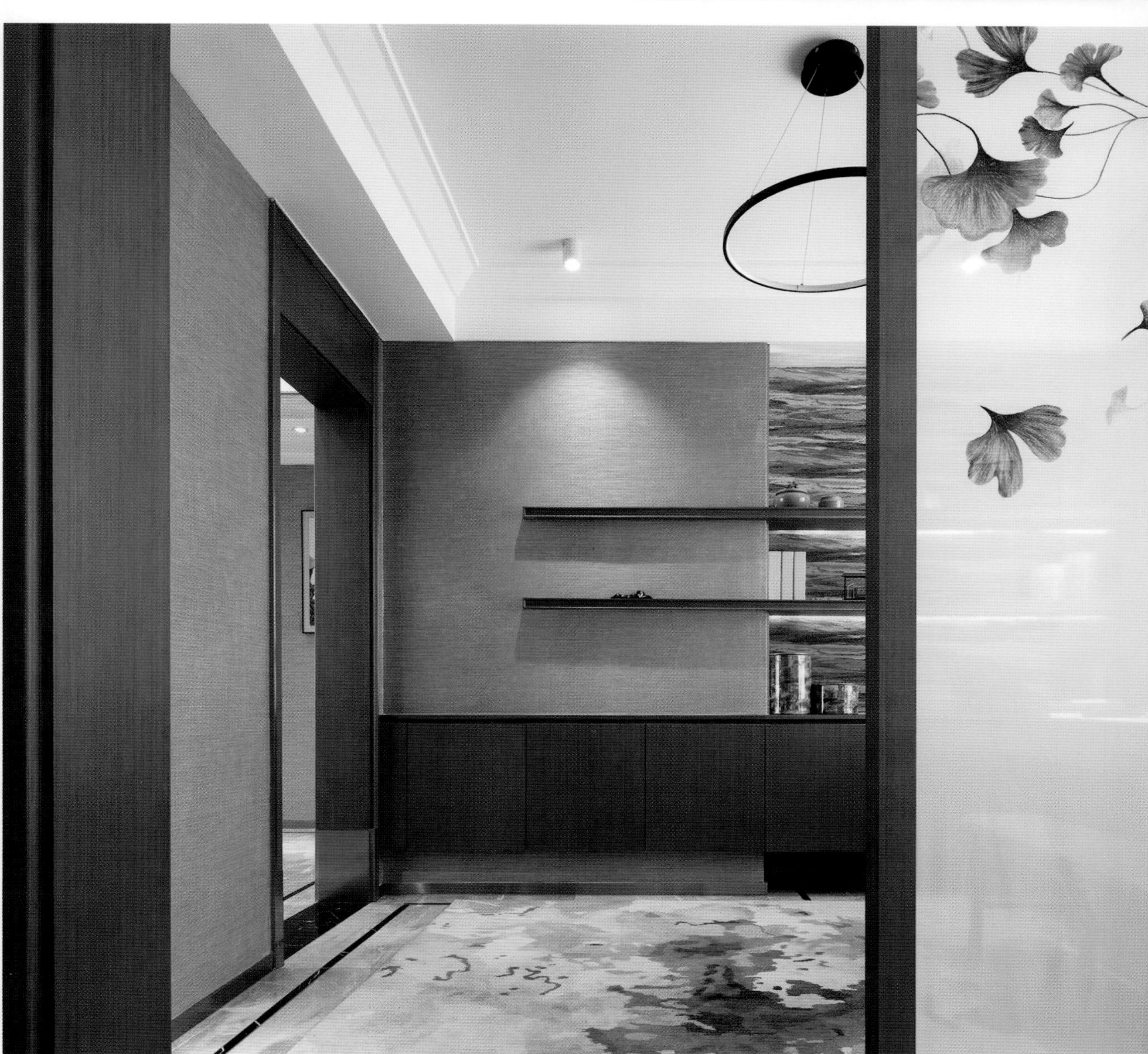

◀······

色彩：金属色+灰色的组合，沉稳、大气、时尚，将中式的沉稳格调带入现代生活，是现代中式风格的风格特性

家具：走廊中丰富的格子不仅增强了空间的收纳功能，还具有装饰性，为空间提升美感

材质：拉丝玻璃作为间隔，提升了空间装饰的美观度

▼

色彩：玄关以沉稳的深棕色作为主体色，同时运用大面积的白色进行提亮，简洁内敛的配色，既有现代时尚感又有传统中式的厚重感

配饰：灯带的运用在玄关处显得尤为重要，不仅烘托了氛围，也在视觉上使人产生轻盈感

材质：地板选择浅色，能在视觉上弱化空间的紧凑感，使玄关处的收纳柜看起来不显沉重

色彩：白色让走廊看起来更显简洁利落，在其中加入灰色，整体配色效果大气却不失雅致感

配饰：写意的装饰画悬挂在中景墙，在白墙的衬托下艺术感更强

材质：白色乳胶漆让空间内的留白更出挑，营造出的纯净氛围引人无限遐想

色彩：沉稳的棕色被大面积运用在走廊的一侧，白色的调和显得尤为重要，让空间既有传统中式的古朴韵味又有现代时尚感

家具：整墙定制的收纳柜不仅为居家生活提供了充足的收纳空间，还让居室的色彩搭配更有层次感

材质：木地板选择浅色，弱化了深色家具的沉闷感，为烘托空间氛围起到关键作用

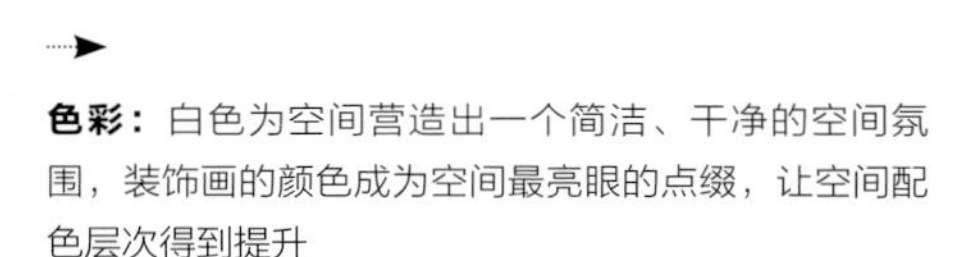

色彩：白色为空间营造出一个简洁、干净的空间氛围，装饰画的颜色成为空间最亮眼的点缀，让空间配色层次得到提升

配饰：用一幅色彩亮丽的装饰画来点缀空间，为空间注入一份清雅的美感

材质：黑白色网纹砖装饰的地面，层次丰富，强调了现代美感在中式风格居室中的巧妙运用

色彩： 浅米色作为主体色，搭配黑色线条的修饰让配色层次更分明
配饰： 无主灯的照明方式迎合了现代的节能理念，且简洁明亮
材质： 墙面和地面的线条装饰相互呼应，层次明快

色彩： 不同纯度的灰色，深浅有致，营造出舒适、不沉闷的中式空间
配饰： 以装饰画来装饰背景，通过灯光衬托美感，整体装饰效果的艺术感极强
材质： 墙面与地面通过黑色踢脚线进行衔接，使空间界线清晰明朗，色彩层次分明